郑黄 3 号 豫黄瓜 1 号

塑料大棚秋黄瓜
基质栽培

露地黄瓜用
营养钵育苗

春露地黄瓜
播种后盖土

春露地黄瓜
采用高垄地
膜覆盖栽培

春露地小拱
棚黄瓜苗期
放风管理

2

越夏黄瓜平畦栽培

越夏黄瓜高垄栽培

越夏黄瓜采收

3

秋露地黄瓜平畦栽培

秋露地黄瓜平畦
栽培生长情况

早春温室黄瓜嫁
接苗生长情况

早春温室黄瓜
宽窄行栽培

4

早春温室黄瓜
采收包装

温室越冬黄瓜地膜
覆盖定植畦

温室秋延后水果
黄瓜生长情况

温室秋延后黄瓜基
质栽培生长情况

黄瓜瓜佬

黄瓜除草剂
药害受害状

黄瓜白粉病病叶

黄瓜霜霉病病叶

黄瓜枯萎病病株

黄瓜病毒病病株

黄瓜黑星病病株

7

黄瓜细菌性角
斑病和霜霉病
混合发病症状

黄瓜根结线
虫危害状

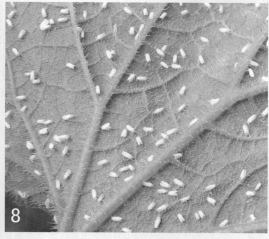

白粉虱危害
黄瓜叶片

果蔬商品生产新技术丛书

提高黄瓜商品性
栽培技术问答

吴小波 周海霞 编著

金盾出版社

内 容 提 要

　　本书以问答的方式对如何提高黄瓜商品性栽培做了系统而精辟的解答。内容包括:黄瓜产业与黄瓜商品性,影响黄瓜商品性的关键因素,黄瓜品种选择与黄瓜商品性,栽培模式与黄瓜商品性,栽培环境管理与黄瓜商品性,病虫害防治与黄瓜商品性,采收和采后处理与黄瓜商品性,安全生产与黄瓜商品性,标准化生产与黄瓜商品性。全书本着联系实际、服务生产的宗旨,文字简明扼要,通俗易懂,先进性、实用性和可操作性强,适合基层农业技术人员和广大菜农阅读使用。

图书在版编目(CIP)数据

　　提高黄瓜商品性栽培技术问答/吴小波,周海霞编著.—北京:金盾出版社,2009.9
　　(果蔬商品生产新技术丛书)
　　ISBN 978-7-5082-942-0

　　Ⅰ.提…　Ⅱ.①吴…②周…　Ⅲ.黄瓜—蔬菜园艺—问答
Ⅳ.S642.2-44

　　中国版本图书馆 CIP 数据核字(2009)第 137674 号

金盾出版社出版、总发行
北京太平路 5 号(地铁万寿路站往南)
邮政编码:100036　电话:68214039　83219215
传真:68276683　网址:www.jdcbs.cn
北京金盾印刷厂印刷
兴浩装订厂装订
各地新华书店经销
开本:850×1168 1/32　印张:6.375　彩页:8　字数:152 千字
2010 年 10 月第 1 版第 2 次印刷
印数:10 001～18 000 册　定价:11.00 元

目 录

一、黄瓜产业与黄瓜商品性

1. 我国黄瓜产业的现状及存在的问题是什么？

(1)我国黄瓜产业的现状 我国黄瓜栽培普遍,历史悠久,南北方都有种植,在北方既是露地,也是保护地的主要栽培蔬菜。截至 2002 年底,我国的黄瓜栽培面积已达 125.3 万公顷,比 1980 年扩大了近 3 倍,占全国蔬菜面积的 10％左右,其中 58％左右为露地种植。主要的种植地区为山东、河南、河北、辽宁、甘肃、江苏、广东、广西等地。

过去,我国黄瓜栽培地区分布很不均匀,主要集中在一些气候条件及自然环境比较好的省份,如山东、河南、海南等地。近年来,我国黄瓜种植区分布逐渐扩大,几乎在每一个省,每一个大城市周围都有一些大的黄瓜生产基地,区域化生产越来越突出,如山东省的寿光、苍山地区,辽宁省的凌源、铁岭地区,安徽省的和县,广东省的徐闻,海南省三亚,云南省元谋、建水等地。特别是原来一些气候及地理环境不太好,种植基础比较差的地区,如甘肃、黑龙江、新疆、贵州、西藏、内蒙古等省、自治区,近年来黄瓜种植发展迅速,如在包头市郊区、甘肃武威等地都有相对集中的近 700 公顷的黄瓜种植区。这也是近两年来我国黄瓜南菜北运趋势下降的原因。

近 10 年来,随着我国设施园艺的发展,保护地黄瓜发展势头迅猛。1999 年,我国保护地面积已经达到 140 万公顷,是 1980 年的 194 倍,已占到了目前黄瓜种植面积的 42％左右,其中大棚面积约为 23％,节能日光温室面积约为 17％,玻璃日光温室面积约为 2％。黄瓜加工业初具规模。2004 年,全国累计出口蔬菜 602 万吨,出口创汇金额 37.96 亿美元;山东、福建、浙江、广东、新疆是我国蔬菜出口的主要省、自治区;日本、韩国、美国、东盟各国及我国香港地区是我国蔬菜出口主要的贸易伙伴。我国蔬菜加工企业100余个,年加工及销售能力200万吨,带动农户20万户。

(2)存在问题 集约化、规模化、标准化程度不高。黄瓜成片有组织的集约化、规模化种植很少,生产效率不高;农民依据标准生产意识不强,黄瓜连茬、重茬现象普遍,产量下降,农药、化肥过量使用现象仍然存在,降低了黄瓜的竞争优势。产业一体化经营水平不高,产业组织化程度较低。

由于设施栽培轮作倒茬困难,病虫害日益严重,因此必须加强病虫害防治和以合理调控环境条件为主要内容的生态防治技术。另外,随着国民经济的发展和人民生活水平的提高,人们对蔬菜质量的要求越来越高,因此应积极开发黄瓜无公害栽培技术。由于黄瓜果实多汁,不耐挤压,长途运输不便,而且货架期短,并且北方寒冷冬季和南方炎热夏季黄瓜的供应量还远远不能满足人们的需要。在今后相当长时间内,仍应以解决周年生产、均衡供应为重点,大力推广日光温室黄瓜高效节能栽培和遮阳网覆盖栽培等设施栽培技术。

加工率低。我国生产的黄瓜绝大部分供作鲜食,只有在生育后期,品质下降时才作加工原料,而且加工工艺简单粗放,商品率低。

出口量低。目前,我国生产的黄瓜主要是国内消费,出口量不大。而国内黄瓜产量较高、人均占有量较大,再发展的余地较小,如果不加大出口量,黄瓜生产的利润将进一步下降。

2. 我国黄瓜产业有怎样的发展前景?

我国黄瓜产业发展前景主要有以下方面。

(1)黄瓜育种技术由常规育种向生物育种转变 目前,我国黄瓜育种大多采用常规育种技术,育种周期长,效率较低。我国部分科研院所为缩短育种周期、加快育种更新速度,在加强常规育种技术的同时,积极在细胞工程和分子育种技术方面进行研究探索,已取得显著的进展,有望实现利用生物技术培育优良黄瓜新品种的目标,缩小与国外发达国家的差距。

(2)黄瓜育种方向由抗病向抗病、丰产、优质转变 我国黄瓜育种在丰产和优质方面与国外发达国家相比还有不小的差距,如我国黄瓜畸形瓜率高、瓜条长短不一、棱刺瘤明显,而国外优质黄瓜的瓜条整齐、为光滑型品种、易加工。科研单位为不断拓宽国际市场,不断调整育种方向,已开始研究抗病、丰产、优质的黄瓜品种和出口型品种。

(3)黄瓜生产方式发生转变 黄瓜栽培由露地栽培向设施栽培发展;由单一种植向间作、套种、多茬次、多品种、多层次栽培发展;强调群体效益向追求单株或立体丰产栽培发展;由劳动密集型向技术密集型生产方式发展。

黄瓜生产方式的发展是与社会发展同步的,社会的进步、生产力水平的提高、社会需求增加,促使生产者想方设法去改进生产方式,进而不断完善和发展各种生产方式及生产措施。近年来,黄瓜栽培总面积增长渐缓,但保护地栽培面积增长幅度大。由于黄瓜种植的利润较高,价格相对稳定,农民的生产积极性较高,另外,城镇化改造使自种自收的家庭减少,吃菜要买的家庭增多,使黄瓜的需求量上升。因此,黄瓜的栽培面积,尤其是保护地黄瓜的栽培面积会进一步增加。

第一,由露地栽培向设施栽培发展。黄瓜的生长需要一定的环境条件,不适宜的环境条件可能会给黄瓜生产带来毁灭性的灾难。因此根据气候条件,人为创造适于黄瓜生长的环境条件是保证生产成功的关键。

我国地域辽阔,各地气候条件差异大,为了充分利用气候资源进行黄瓜生产,各地根据自己的经济状况,因地制宜地发展多种保护性栽培设施,如温室、大棚、多层覆盖、网棚栽培等,人工控制能力和抵御自然灾害的能力越来越强。不同的设施条件在生产中并存,互为补充,基本上可保证一年四季有黄瓜上市,繁荣了我国黄瓜市场。

第二,由单一种植向间作、套种、多茬次、多品种、多层次栽培发展。为了充分利用现有耕地和保护地内的空间,生产者常常根据黄瓜的生长情况进行主副行立体种植、套种西瓜、间作叶菜、蘑菇等,以求获得稳定的高收益。

第三,由强调群体效益向追求单株或立体丰产栽培发展。随着科技的发展,黄瓜的单株丰产性得到提高,通过稀植和立体栽培也能获得较高的产量和效益。

第四,由劳动密集型转向技术密集型生产。大型连栋人工智能化温室生产,采用微机控制技术,实行滴灌、微灌技术、自动卷帘、自动控温控光等减轻劳动强度,提高生产效率。

(4)黄瓜的消费市场已逐步由数量型向质量型转变 根据市场供求关系变化,黄瓜产品及产业已由粗放型数量增长向绿色无公害食品型、净菜方便型、精深加工型、出口创汇型转变。

随着人们生活水平不断提高,解决了温饱问题后的人们,对食物的需求是要吃出营养、吃出健康、吃出品位,甚至要吃出"洋"味来。因此,对黄瓜品种和栽培技术的要求将越来越高。随着我国黄瓜生产的产业化,品种的要求也越来越严格,不仅要求高产、抗病、优质,黄瓜的果实形状及口感等也成为重要的种植指标。今后,光滑型黄瓜的种植将会有很大的发展潜力及广阔的市场。

第一,由数量型向质量型转变。20年前,全国蔬菜种植面积少,蔬菜品种也不是很多,加上黄瓜保护地面积较少,露地供应期有限,黄瓜作为一种较高档的菜果兼用的蔬菜,供不应求,那时生产目标是尽量提高单位面积的产量,满足市场供应。近10年来,随着我国设施园艺的发展,我国保护地黄瓜发展势头迅猛,四季均衡供应已经成为现实,交通的发展使蔬菜的运输成本不断下降,全国已经成为一个大的市场。各地蔬菜价格差距缩小,而且市场上蔬菜品种繁多,人们挑选的余地加大,从追求低价向物美价廉转移,更多关注黄瓜产品的外观和内在风味。现在城市里要求的黄瓜产品是绿皮绿肉,品质脆甜,瘤刺明显,瓜把短,黄色条纹量微或少等。

第二,从粗放生产产品向无公害、绿色和有机黄瓜产品发展。黄瓜是病虫害较多的一种蔬菜,种植中少不了施药防治;黄瓜作为菜果兼用的蔬菜,经常被生食,这要求在种植过程中防病治虫除了注重防治效果外,更应注意产品安全。在蔬菜种植中,无公害种植已经是最低标准,随着社会的进一步发展,以后生产绿色食品黄瓜、有机黄瓜将是很平常的事。

第三,由国内市场转向出口创汇。目前,我国常规蔬菜品种的种植面积及产量居世界之最,人均占有量达 300 千克以上,远远超过世界平均水平,而且供大于求。但我国蔬菜价格较国际市场低许多,竞争力强,因此在组织生产满足国内市场时,更应瞄准国际市场,生产适于国际市场需求的黄瓜,开拓销售市场,提高抵御市场风险的能力。

第四,净菜上市将是城市蔬菜销售的惟一方式。城市交通、卫生、市场管理等将对自产自销进行限制,净菜上市、包装上市将成为以后蔬菜进城的惟一方式。由自主生产和销售转向定单生产,销售渠道由自产自销转为公司或合作社经营,对产品质量的要求更加严格,要求生产规范化。随着城市的发展,黄瓜将主要通过超市销售,对产品实行统一标准,批量供应。

3. 什么是黄瓜的商品性生产?

蔬菜商品学研究的内容包括:产业宏观管理;蔬菜生产的计划、管理及其商品化;商品质量的评价、养护;商品处理技术;商品包装、运输;控制流通过程商品质量的变化;流通渠道的合理化;市场信息和经营管理；销售和对外贸易，商品的利用等。黄瓜的商品性生产，就是针对市场需求，合理地、经济有效地生产出数量足、种类多、品质好的黄瓜产品，并通过一系列商品化处理，最大限度地保持黄瓜产品的质量，提高黄瓜的商品性，建立合理的流通渠道，按照市场规律调剂余缺，实现黄瓜商品的周年均衡供应，提高黄瓜生产、经营的经济效益，正确引导消费，促进黄瓜的商品化发展。

4. 黄瓜产业发展对商品性生产的要求是什么？

黄瓜是我国主要蔬菜作物之一，在蔬菜周年供应中占有重要地位。近年来，随着我国蔬菜产业的发展，黄瓜生产面积也迅速增加，黄瓜产业的发展对黄瓜商品性生产提出了更高的要求，主要包括以下几个方面。

第一，对品种要求的档次更高，更加细化，除了丰产优质、抗病外，对黄瓜的外观形状、营养价值、耐贮运等提出了更细、更高的要求。南菜北运、西菜东调过程中保证产品的完好和新鲜成为关键，瓜条粗细均匀一致、顶花带刺、深绿而有光泽、表皮无失水受到蔬菜收购商的喜爱；人们在消费黄瓜时更加注重其品质和营养价值。

第二，更加注重绿色无公害，对产品的安全性提出了更高的要求。近年来随着多起食品安全事故的发生，尤其是三鹿奶粉事件后，国民更加注重食品的安全性，黄瓜如果管理不善，病虫害非常严重；如防治不善，极易造成农药残留超标，从而使黄瓜产品失去商品性。必须加强对黄瓜生产的各个环节进行质量监控，切实提升产品质量。

第三，在流通领域，除了要求黄瓜品种鲜嫩、货架期长及耐贮运，更加注重鲜菜的商品化处理技术。黄瓜采后处理技术是连接生产和市场，最终实现生产效益和生产目的的重要环节，处理技术的优劣直接影响到黄瓜产品的质量，并最终影响到黄瓜生产的效益。

第四,迫切需要对黄瓜加工技术的研究。由于我国实行的是家庭联产责任制,蔬菜生产是成千上万个农户自发进行生产,蔬菜市场行情难于预测,又缺乏有效的政府指导,经常造成菜贱伤农的事件,黄瓜产业尤为严重。大力发展黄瓜的加工技术研究,是保证黄瓜产业健康发展的有效措施。

5. 黄瓜商品性包括哪些方面?

黄瓜商品性主要包括商品品质、营养品质、感官品质等方面。

(1)商品品质 主要指外观特征、内部结构、风味、营养成分、清洁度等。

①**外观特征** 果实形状、皮色、瓜把长短、刺瘤多少、刺瘤密度、有无棱、有无失水、果皮有无发霉、顶部有无黄色条纹、弯度的大小等。华北型黄瓜商品性好的品种表现为:刺瘤坚挺,瓜深绿色而有光泽,刺瘤充满液体近乎透明,果实弯度小,瓜把短小,品质脆甜,同一品种长度、粗度差异小,货架期相对较长;华南型黄瓜商品性好的品种表现为:果实饱满、光滑,果实为棒状,粗细均匀,同一品种长度、粗度差异小,货架期间顶部变黄较慢;欧洲鲜用型黄瓜商品性好的品种表现为:果实饱满、光滑,表面有光泽,无刺瘤,果实为棒状,粗细均匀,同一品种长度、粗度差异小,货架期间液体渗出晚且少。

②**内部结构** 果胶含量、脆嫩度、致密性、腔室数量等。

③**风味** 由产品中与风味有关的化学成分的种类、多少及配比构成的综合性状。

④**鲜度与清洁度** 新鲜程度的高低,主要看瓜条的果皮是否有光泽和脆嫩。光泽度高、质地脆嫩者表现为具有高鲜度的优良品质,同时瓜条的外部应无泥土及其他外来物的污染,以表明该商品的清洁程度。

⑤**均一性** 指蔬菜商品群体在结果形态、株型大小等方面是

否一致。均一性高的商品,说明品种整齐,管理水平高,出售的商品价值高。

⑥损伤情况 有由于外力机械作用或自然冻害等造成的瓜条损伤。

⑦病虫害情况 有病虫害或生理病害造成的果实变色、腐烂等现象的发生,严重者降低了商品价值,甚至完全丧失商品价值。

⑧贮运条件的优劣 在黄瓜产品贮藏、运输过程中,各种条件都会影响到它的新鲜程度、损耗量的大小,从而也影响到营养成分的损失程度。

(2)感官品质和营养品质 感官品质是指可以通过人们的视觉、嗅觉、触觉、味觉进行综合评价的质量特征特性。产品的缺陷,如畸形瓜、病斑、虫卵、虫孔、机械损伤、异味等,均被反映。营养品质是指蔬菜产品中含有的对人体健康有益的化学物质成分或食疗保健作用的功能性成分,主要包括维生素 C 含量、水分、矿物质等营养成分。

(3)安全卫生品质 主要指黄瓜蔬菜的卫生标准,主要包括农药残留、硝酸盐含量、环境污染等。如果生产中农药使用不当,造成黄瓜产品中的化学农药残留量超过国家规定标准;或施肥不当,造成黄瓜产品中硝酸盐含量超过国家规定标准;或受栽培环境因素中的土壤、灌溉水、大气等污染等造成黄瓜产品中重金属含量超过国家规定标准;或存在影响人体健康的微生物污染等都会导致黄瓜产品的卫生品质不达标,影响商品黄瓜的上市销售。所以,选择优良的栽培环境、进行无公害栽培、开展生物防治病虫害、合理施肥等对培育符合卫生品质的黄瓜很重要。

6. 发展黄瓜商品性生产的意义是什么?

发展黄瓜商品性生产的意义主要表现在以下 4 个方面:一是对黄瓜产品来说,只有优良的商品性状才能得到消费者的信任,有利于市场流通,体现黄瓜产品自身的价值。二是对种植者来说,产品卖得快,收入高,经济效益高,就有成就感,能节省出更多的时间有计划地进行田间生产,进一步提高黄瓜商品性的栽培技术,提高种植者的综合素质,进而提高菜农种植黄瓜的积极性。三是对市场需求来说,市场需要优良的商品上市销售,提高黄瓜的商品性可以增加黄瓜的市场竞争力,大大提高销售数量和销售价格,促进黄瓜生产的良性发展和市场的稳定。四是提高黄瓜生产力水平。黄瓜商品性的提高需要优良的品种和先进的栽培技术作支撑,有利于新品种、新技术的推广,从整体上提高黄瓜的生产力水平,使我国黄瓜栽培不断向规模化、多样化和专业化发展,形成产供销一体化的发展格局,从而形成黄瓜规模化、专业化生产。

二、影响黄瓜商品性的关键因素

1. 影响黄瓜商品性的关键因素有哪些?

影响黄瓜商品性的关键因素有:一是品种和栽培技术。黄瓜营养丰富,市场需求量大、四季周年供应。设施园艺的发展为黄瓜四季连续不断的生产、上市提供了可能,但是不同的栽培方式对品种和栽培技术有不同的要求。二是栽培模式和栽培环境。栽培设施条件落后,不能满足黄瓜正常生长所需的环境条件,导致逆境下黄瓜的商品性下降;主要栽培模式是春、夏秋露地栽培,保护地和温室栽培,轮(间)作套种。环境包括光照、温度、湿度、土质、肥料、栽培方式、施肥方式、植物生长调节剂使用、棚室黄瓜各个生长阶段温、湿度管理和肥水管理。三是人为因素。思想上对提高黄瓜商品性不够重视,重产量轻质量;对提高黄瓜商品性的栽培技术掌握不够。四是病虫害。病虫害较为严重,尤其是虫害,如果防治不及时,极易造成减产甚至绝收,加上近几年病虫害发生有加重的趋势,对病虫害的防治不当很容易造成蔓延危害或农药残留,从而影响黄瓜商品性的提高。五是采收过程。主要包括采收方式、采收时期、采收时的成熟度。六是采后商品化处理。此环节主要是提高和保持黄瓜商品性的主要因素,在整个采收处理的过程中要保证处理过程的投入品、包装材料及加工环境不对黄瓜产品造成污染;同时,要保证黄瓜在流通过程中的质量,使其保持新鲜,不会由于衰老和腐烂等自身的变化直接影响黄瓜产品的质量,并最终影响收益,以上这些因素都会影响到黄瓜的商品性。

2. 品种特性与黄瓜商品性的关系是什么？

品种特性与黄瓜商品性密切相关。黄瓜不同品种具有不同熟性，不同季节、不同地区栽培，其稳定的丰产性、优良的商品外观、营养品质和风味品质均不同。对品种特性的要求不仅是黄瓜栽培的需要，更是市场的需要。黄瓜产业中，种子是最基本的生产资料。选用优良的黄瓜品种，是无公害黄瓜及绿色蔬菜生产的基础。要实现蔬菜生产的高产、优质、高效，选用良种是至关重要的因素。种子的质量好，品种的抗病性、抗逆性强，不但可以丰产，而且可以减少农药的施用量，提高黄瓜产品的质量。如果品种不好，栽培管理等其他措施再好，也不能生产出优质商品黄瓜，这是品种的遗传特性所决定的。选择优质、高产、抗病、适应市场需要和不同地区、不同栽培季节、不同熟性的优良品种，不仅能为黄瓜的优质高产奠定基础，而且可以根据黄瓜的抗病性、抗逆性进行栽培，减少病虫害的发生危害，提高黄瓜产品品质与商品性。

3. 栽培模式与黄瓜商品性的关系是什么？

黄瓜生产主要是以植物生长为基础的产品生产活动，不同栽培模式与其生产环境有着密不可分的关系。栽培模式环境质量的优劣，自然因素和生态因素稳定平衡的能力，对黄瓜商品生产具有重要意义。为了适应市场的需求，满足黄瓜的周年供应，人们研究和应用各种栽培模式进行黄瓜生产，取得了较高的经济效益，如早春保护地栽培，春、夏、秋季露地栽培，温室越冬栽培，露地越冬栽培等，这些栽培模式受自然、设施建造技术和人为栽培管理技术等因素的影响，在商品性生产中都具有一定的风险性。效益越高的茬次对各项技术的要求越高，风险性越大，因此一定要不断提高栽培管理技术、有针对性地选择合适的栽培模式，达到预期的生产目的。

无论是无公害蔬菜、绿色蔬菜、有机蔬菜,其宗旨都在协调人与自然的关系,为人们提供充足的安全蔬菜,充分发挥当地自然环境条件的优势,形成不同地区的栽培模式,提高产品质量和品牌优势,保持蔬菜产业持续发展。因此,发展黄瓜商品生产必须具备良好的栽培模式。

4. 栽培环境与黄瓜商品性的关系是什么?

栽培环境对黄瓜生长发育起着十分重要的作用。主要是黄瓜生育期间的光照、温度、水分、植物生长调节剂、肥料、土壤空气、生物条件等自然条件和生态因素。引起自然条件和生态环境差异的主要因素有不同地区、不同栽培模式和不同栽培季节、纬度、海拔高度及陆地海洋性气候特点等。所有这些条件都不是孤立存在,而是相互联系的、不可分割的整体。对于黄瓜生长发育的影响,往往是综合作用的结果。这些栽培环境条件的优劣是影响黄瓜生长健壮和产品品质的重要条件。黄瓜根系是否发达,能否从土壤中吸收大量营养物质,直接与土壤的物理性质、水分和矿质元素密切相关,不同品种对土壤要求不同,一般要求土壤土层深厚,质地疏松,通气性好,地力肥沃,保水保肥。特别在保护地棚室栽培中,温度、植物生长调节剂、肥料和湿度管理不当,会产生化瓜、药害、气害和病虫害,严重影响黄瓜产量和商品性。生产上必须综合考虑各个环境条件的作用,从而对其做出科学合理的调控,以满足商品黄瓜生长发育的需要,用较低的生产成本获得优质、高产、高效益的商品黄瓜。

5. 病虫害防治与黄瓜商品性的关系是什么?

黄瓜不同栽培季节和不同熟性优良品种较多、栽培茬口多、周年生产,所以病虫害种类多、发生频率高、蔓延快,使黄瓜产品产量下降,品质降低。菜农素质不高、环境保护意识不强、追求重治轻防的防治效果,对农药使用不合理、生态失衡、病虫抗药性增强、化学农药使用量不断加大、农药残留超标,造成农药和肥料污染,影响黄瓜的品质和经济效益。做好病虫害的综合防治,是提高黄瓜商品性的前提。病虫害的发生与天气、温度和湿度管理、光照、土壤、水分和肥料有密切关系,如越冬保护地土壤温度过低会产生化瓜和畸形瓜。合理科学施肥,综合采用农业防治、物理防治、生物防治和化学防治技术,降低农药使用量,将病虫危害控制在最低限度,保证黄瓜的产量和品质,提高黄瓜商品性。

6. 采收及采后处理与黄瓜商品性的关系是什么?

蔬菜采后是指从蔬菜采收到食用的整个过程,蔬菜采后处理是连接生产和市场、最终实现生产效益和生产目的的重要环节,主要包括采收、清洁、分级、包装、防腐、贮藏、运输、销售等。黄瓜的采后处理是保持、改善和延长黄瓜的商品性,从而提高黄瓜生产效益。黄瓜的采后处理要将绿色食品的概念和要求贯穿到采收处理的全过程,保证黄瓜采后不被污染。采收处理技术的优劣直接影响黄瓜产品的质量,并最终影响黄瓜的商品性。

7. 安全生产与黄瓜商品性的关系是什么?

在黄瓜生产中不按照生产技术标准,过度施肥、重茬,造成了土壤盐渍化、地下水污染、农药残留,最终导致黄瓜产品质量下降,产品质量档次不高,经济效益降低,产业的发展受到严重影响。安全生产已经成为影响我国黄瓜产业竞争力的关键因素。黄瓜进行安全生产,对提高黄瓜品质,增强市场竞争力,促进出口、增加农民收入都具有现实和长远的意义。

8. 标准化生产与黄瓜商品性的关系是什么?

标准化生产与黄瓜商品性的关系是相辅相成、相互促进的关系。随着黄瓜商品化生产的发展和人们消费水平的提高,对标准化生产需求越来越迫切。黄瓜是商品性极强的农产品,而且以鲜销为主,产销链短、时限性强、卫生安全标准严格、市场准入要求高,对标准化生产需求迫切。同时,黄瓜标准化生产是提高其商品性的保证,要提高市场竞争力,扩大出口,必须推行标准化生产,使产品质量和结构与市场要求接轨,生产出优质绿色或有机黄瓜产品,把高质量的产品推向更广阔的市场,增强市场竞争力。

9. 如何综合各种因素的影响在栽培技术上提高黄瓜商品性?

品种特性、栽培模式、病虫害防治、采收及采后处理、安全生产、标准化生产等因素影响黄瓜商品性,诸多因素是一个统一的整体,缺一不可,需要综合考虑以下 7 个方面。

(1)选用抗病良种、培育无病壮苗是丰产的基础 播种前必须进行种子消毒处理,防止种子带菌;选用无病土育苗或对育苗土进行消毒处理;对育苗用的设施、用具等用 0.1% 高锰酸钾溶液喷洒消毒,或用福尔马林、硫磺等熏蒸消毒;定期喷药预防病害发生;结合防病,喷洒爱多收、云大 120 或福施壮(诱抗素)等,提高幼苗抗逆性,减少病害侵染机会。应避免从病区移苗,以防人为传播病菌。

(2)合理轮作 黄瓜长期连作的结果,常常导致那些侵染黄瓜的病菌种群迅速扩大,侵染能力增强,如霜霉病、枯萎病、灰霉病、猝倒病、茎基部腐烂病等。由于长期连作而逐年加重,给生产管理带来麻烦。建立合理的轮作制度,可减轻病害的发生和危害。

(3)土壤消毒 利用夏季高温强光,在春茬作物收获后,及时清理、翻耕,然后趁墒覆盖塑料薄膜,进行高温杀菌 15 天以上。也可在翻耕前,撒一层麦秸和生石灰,或将未腐熟的有机肥施入后进行覆盖高温杀菌。对于温室和大棚,可闭棚升温杀菌。种植前翻耕2～3遍,同时施入生物有机肥,让有益微生物的活动增强,有利于养分分解和抑制有害病菌生长。或前茬作物收获后,及时翻耕,放大水漫灌15天,可杀死好氧病菌。

用硫酸铜或高锰酸钾、生石灰、拌种双、多菌灵、敌克松及生物制剂等处理土壤,杀灭病菌。注意生物制剂不能与杀菌剂同时使用,防止药效相互抵消。

(4)清洁田园,搞好田间卫生 定植前或收获后,及时清除田间及其周围的杂草、植株残体,尤其是病残体,带出田外烧毁或深埋,降低田间病菌基数。

(5)加强田间管理

①选好种植地块 用于种植黄瓜的地块,地势要高,通风良好;地面要平,不能积水,能灌能排。

②从幼苗抓起,防止带病定植 黄瓜幼苗密集,抵抗力弱,容易受病菌侵染,需加强管理,培育壮苗。

③合理密植 保护地栽培采用南北行,保持田间良好的通风透光条件,创造适宜黄瓜生长的环境条件,防止病害的发生发展。

④抓好肥水管理 采取小水勤灌,切忌大水漫灌,增施磷肥、钾肥、腐熟有机肥,促进根系发育,提高抗病力,每次采瓜后,浇水追肥,以防植株早衰,补充黄瓜生长所需的微量元素,减少感病。

⑤雨后及时排水、排湿 夏季高温期暴雨过后要立即用井水浇灌,随灌随排,以降低地温和田间气温,减少高温高湿下病菌对黄瓜的危害。

⑥加强中后期生产管理 进入生长中后期,及时打掉下部老叶,加强田间通风透光;适时进行叶面追肥,提高黄瓜植株抗病能力。

⑦加强田间管理,防止人为传播病害 进行田间管理操作时,露水未干时不进地;先管理健株后管理病株,防止人为传播病害。

(6)经常进行田间病情调查 黄瓜病害的发生一般最先在地

势低洼或温室的边角处等,相对较隐蔽,在平时进行田间管理时,要认真观察,及时发现,及时用药防治。要在黄瓜栽培的过程中全面加强栽培管理,特别是保护地棚室的温、湿度管理,对栽培中病虫害防治要预防为主,生物防治和化学防治为辅,施用低浓度、低残留的生物农药和化学药剂,防止黑星病、花腐病等病害的蔓延,从而提高黄瓜的商品性。

(7)采收和采后处理 及时进行采收,黄瓜一般在雌花开放后8~12天采收。黄瓜适时采收不仅果实商品性好,而且有利于植株生长和上部果实的发育。采收时最好在清晨或15时以后进行,清晨采收果实不仅含水量大、光泽度好,而且温度低、水分蒸发量慢,有利于减少上市或长途运输中的消耗;中午采收时温度高、果实含水量低,品质差;15时以后采收温度等条件适宜,黄瓜品质好。采收时期要求在瓜身带碧绿、顶花带刺、种子尚未膨大时进行。一般采收选择植株中上部的瓜条,并进行分级处理,做好包装和运输工作。

三、黄瓜品种选择与黄瓜商品性

1. 品种选择如何影响黄瓜的商品性？黄瓜商品性对优良品种的要求是什么？

一个优良品种总是在某一或某几个方面具有良好的经济性状，适应某一地区或当地某一时期的气候条件，同时黄瓜又具有早熟、中晚熟等不同类型，各地有各地消费习惯，不同的气候条件、栽培季节对黄瓜品种的要求是不一样的。如果品种选择不当，比如春黄瓜品种夏种，保护地黄瓜品种春种甚至会造成绝收；瓜条性状不符合当地的消费习惯，就可能造成丰产无效益。黄瓜对优良品种商品性的要求是不同栽培季节和栽培模式黄瓜品种的抗逆性要强，如保护地栽培品种，前期温室温度低、光线弱，中、后期温室温度高、光线强，要求品种前期耐低温弱光，还要耐高温，在空气湿度大的条件下能正常生长。对病害要有较强的抗性，特别是对霜霉病、枯萎病、疫病、蔓枯病、白粉病等有较强的抗性。保护栽培地品种对灰霉病抗性也一定要强。品质稳定丰产，要求在结果高峰过后的高温季节，产品质量降低不大，果皮不黄，瓜尖不变细等。黄瓜优良品种同时要求品质好，刺密，皮薄绿色，质脆，瓜条周正，而且一级品的比率要高。

2. 选择黄瓜品种应掌握什么原则？

选择黄瓜品种应掌握以下原则。

(1) 根据当地的销售方式与消费习惯 如华北、东北、西北等地区的消费者喜欢瓜条细长、颜色青绿、顶花带刺的密刺型黄瓜品种；而华南、华东等地区喜欢瓜短粗、黄绿色、皮光滑、果肉厚心室小的黄瓜品种。

如果是农艺性状好的新品种,虽然当地市场销路没有打开,但可以在适当的季节引进种植,引导消费市场,并根据消费趋势,确定生产规模。

(2)根据当地自然条件和设施条件选择品种 要根据栽培环境来选择露地品种,或是保护地品种。选择保护地品种时,如果保护设施高大,可选择植株高大、生长势强的品种;保护设施低矮,就应选择植株较低、生长势较弱的品种。

(3)根据当地栽培季节与方式选择品种 保护地越冬栽培的要选用耐低温、耐弱光、早熟、抗病、高产优质的黄瓜品种,要求叶片小,侧枝少、雌花多,连续结瓜能力强;早春大棚高垄栽培的,要选择短日照、苗期耐低温、后期耐高温的品种;春露地栽培的黄瓜应选用较耐低温、瓜码密、雌花节位低、节成性较强的品种;夏、秋露地黄瓜,在结瓜供应期间正处于高温多雨季节,有它的特殊性,根据季节特点应选用耐热、耐湿、抗病性强的品种;秋延后栽培,选用长日照、苗期耐高温、后期耐低温的品种。

(4)根据管理技术水平选择品种 选择适应性强、抗逆性强的品种,如果管理技术水平高,可选早熟高产但抗叶部病害稍差的品种;技术水平较低,可选抗病性强的高产品种。此外,选择生育期适宜当地的品种。既早熟又高产还抗病的全能品种,目前尚不存在,所以对黄瓜品种一定要根据各方面的情况进行选择。

3. 适合保护地春提早栽培黄瓜对商品性的要求是什么?主要品种有哪些?

保护地春提早栽培黄瓜对商品性的要求:瓜条顺直,长 30～40 厘米,单瓜重 250～300 克,瓜色深绿,有光泽,刺瘤显著,密生白刺,瓜脐部黄色条纹量微或少,瓜把短,心腔较细,果肉浅绿色,质脆,清香味浓,无苦味,品质优,能较长久地保持新鲜洁净,无病虫害,农药残留量要符合国家要求,商品性好。

主要品种如下。

(1)东方明珠 是郑州市蔬菜研究所最新培育成的一代杂交黄瓜新品种。植株生长势强,早熟一代杂交种,3～4片叶着生第一雌花,以主蔓结瓜为主,瓜码密,瓜条生长速度较快。瓜条顺直长棒状,瓜皮深绿色富有光泽,刺密,白色,瓜条长35厘米左右,瓜把短,品质脆甜,口感好。平均单瓜重200克。耐高温,喜肥水,抗病性强。特别抗霜霉病和枯萎病。每667米² 产量可达6 500千克,适合春秋大棚、小棚栽培,春秋露地表现也十分突出。

(2)津绿2号 原名21-5,是天津市绿丰公司研究而成的一代杂交种。商品性好,耐低温弱光,抗病性强,高抗霜霉病、白粉病、枯萎病。早熟,瓜条顺直,瓜把短,刺瘤明显,瓜深绿色,瓜肉淡绿色,长30厘米左右。每667米² 产量7 000千克,是春大棚及早春温室栽培的理想品种。

(3)东方优秀 是2002年郑州市蔬菜研究所最新育成的一代杂交种。植株生长势强,茎粗壮,节间短。第一雌花节位在3～4节,瓜码密,主蔓结瓜为主,可同时结2～3条瓜。叶色深绿,叶片中等,耐低温弱光能力很强,可忍耐短时0℃的低温,10℃即可正常生长发育,后期回头瓜多。瓜条顺直,细长,长约40厘米左右,横径3～3.5厘米,瓜条深绿色,瓜把短,刺密。抗病性强;抗霜霉病、枯萎病和白粉病。一般每667米² 产量6 500千克以上,高产10 000千克以上,适合日光温室越冬栽培和冬春茬栽培,早春大棚栽培也表现突出。

(4)津杂1号 是天津市农业科学院黄瓜研究所育成的一代杂种。植株生长势强,叶片中等大小,深绿色。主蔓先结瓜,分枝性中等。第一雌花节位在3或4节,雌花节率46%,回头瓜较多。瓜条长棒状,绿色,白刺,刺瘤较明显。瓜身有黄色条纹,瓜长约37厘米,横径3.5厘米,单瓜重约200克。无苦味,瓜肉脆甜,品质佳。早熟性接近于对照长春密刺,但抗病能力明显增强,霜霉病和白粉病病情指数分别降低 66.2% 和 99.3%,枯萎病发病率降低 70.8%。每 667 米² 产量 5 500 千克左右。

栽培要点:适宜我国北方冬季、早春温室及大、中、小棚栽培和露地栽培。育苗苗龄在 35～40 天,严禁大蹲苗。当瓜秧结下后,下部容易出现分枝,每一分枝留 1 条瓜,见瓜后留 1 或 2 片叶打顶。栽培期间,注意防止疯秧徒长和及时防治蚜虫。

(5)津春 2 号(88-7) 是天津市农业科学院黄瓜研究所育成的一代杂种。植株长势中等,株形紧凑,株高 1.5～1.8 米。结瓜后能自封顶,分枝少,叶片中等大小,深绿色。以主蔓结瓜为主,单性结实能力强、瓜码密,一般 3 或 4 节开始结瓜,以后每隔 1 或 2 节结一瓜,成瓜速度快。瓜长棒形,深绿色,有光泽,白刺。瓜长 30 厘米左右,单瓜重 200～300 克。瓜条顺直。清香味浓。早熟,耐低温弱光能力强,抗病性强。每 667 米² 产量一般在 5 000 千克以上。

栽培要点:适宜我国各地大、中、小棚及日光温室早熟栽培。苗龄 35～40 天,育苗期间注意控温不控水。定植时,保护地内土壤温度应稳定在 12℃ 以上,夜间最低气温在 5℃ 以上,定植后不宜蹲苗,由于分枝性弱,且结瓜后自封顶,不用掐尖打蔓,并可适当密植,每 667 米² 栽 4 000 株左右。

此外,还可选用津优 1 号、津优 2 号、春香、津杂 1 号、津杂 2 号、农大 12 号、农大 14 号、中农 5 号、中农 7 号等品种。

4. 适合保护地春提早栽培黄瓜的主要品种特性是什么?

在保护地春提早黄瓜栽培中,黄瓜生长的前半期时值早春。外界气温低,光照偏弱,春季温度变化大,以早熟品种为主。特点是苗期生长速度快,植株生长势强,叶深绿色,基本无分枝,中后期结回头瓜,第一雌花着生在 3~4 节,其后几乎节节都为雌花,瓜条发育速度快,结果期集中,雌花节率 40% 左右,化瓜少,回头瓜多。前期产量高,播种至采收 55~60 天,春季塑料大棚采收期 70 天,抗枯萎病、疫病,较抗霜霉病。每 667 米^2 产量 4 600~5 400 千克。耐低温弱光能力强,在 12℃~15℃ 低温和 9 000 勒弱光下生长正常。春棚种植可提前播种,秋棚种植可延长收获期,从而获得较高的产量和较高的经济效益。因此,在品种选择上应选用耐低温弱光、对温度适应性广、生长势中等、适宜密植、早熟性强、丰产、抗病性强、品质优的品种。

5. 适合日光温室越冬栽培黄瓜对商品性的要求是什么？主要品种有哪些？

日光温室越冬栽培黄瓜对商品性的要求:瓜条长棒状,瓜色深绿色,刺瘤小而密,无棱或少棱,瓜色亮有光泽,顶部黄色条纹量少。瓜长 30~35 厘米,单瓜重 150~200 克,无畸形瓜,有清香味,质脆味甜,新鲜洁净,无病虫害和机械损伤,农药残留量要符合国家要求。

主要品种如下。

(1)中农 11 号　是中国农业科学院蔬菜花卉研究所育成的一代杂种。植株生长势强、生长速度快,以主蔓结瓜为主。第一雌花着生在 3 或 4 节,以后每隔 3 或 4 节出现 1 朵雌花,回头瓜多,耐低温能力强。瓜长棒形,瓜色深绿色,有光泽,花纹较轻,刺密。瓜长 30~35 厘米,单瓜重 150~200 克。瓜条顺直,商品性好。高抗黑星病、枯萎病,抗疫病,耐霜霉病。每 667 米^2 产量 5 000~8 000 千克。

栽培要点:华北地区日光温室越冬茬 10 月上中旬播种,苗龄 20~25 天,每 667 米^2 栽 3 500~4 000 株为宜。

(2)津春 3 号　是天津市农业科学院黄瓜研究所育成的一代

杂种。植株长势强,叶片肥大,深绿色,分枝性中等。以主蔓结瓜为主,回头瓜多,单性结实能力强。瓜长棒状,绿色,白刺,刺瘤适中,有棱。瓜长 30 厘米左右。瓜把长 4 厘米左右,单瓜重约 200克。瓜条顺直,风味较佳,早熟,播种至开始采收约 50 天。耐低温弱光能力强,抗霜霉病和白粉病,病情指数分别比对照长春密刺低45.7%和 60.0%。每 667 米^2 产量一般在 5 000 千克以上。

栽培要点:适宜我国各地日光温室越冬茬栽培,播种期为 9 月下旬至 10 月上旬。苗龄 1 个月左右,培育壮苗,适期定植,宜采用高畦地膜覆盖栽培形式,每 667 米^2 栽 3 500 株左右。结瓜盛期加强肥水管理,及时采收。采用嫁接技术,则更能发挥其耐低温弱光性能,达到高产稳产的栽培效果。

(3)津优 3 号 是天津市黄瓜研究所育成的一代杂种。植株生长势强,叶色深绿,以主蔓结瓜为主,第一雌花着生在 4 节左右,雌花节率约 30%。果实棒状,长 28 厘米左右,单瓜重 130 克左右。瓜把短,瓜色深绿有光泽,瘤显著,商品性好。耐低温弱光性能优良。对枯萎病、霜霉病、白粉病的抗性均达到抗病级。日光温室越冬栽培采收期可达 150 天,每 667 米^2 产量 7 500 千克左右。

栽培要点:适宜北方各地冬季或冬春季保护地栽培。日光温室越冬栽培一般 9 月下旬至 10 月上旬播种育苗。采用嫁接育苗,可提高其耐低温和抗枯萎病能力。

(4)津优 2 号 是天津市农业科学院黄瓜研究所育成的一代杂种。植株生长势强,茎较粗,分枝中等,叶片肥大,深绿色。以主蔓结瓜为主,瓜码密,几乎节节有瓜,回头瓜多,生长速度快。瓜条长棒状,长 34 厘米左右,单瓜重 200 克,瓜把短为 4~5 厘米。瓜皮深绿色,有光泽,刺瘤中等,白刺,果肉深绿色,品质优,商品性好,无黄色条纹,口感脆,无苦味。耐低温弱光,高抗霜霉病、白粉病和枯萎病。早熟,播种至始收 60~70 天,采收期 80~100 天,每667 米^2 产量 5 500 千克左右。

栽培要点:适宜三北地区早春日光温室和塑料大棚栽培。适期播种,苗龄 35～40 天,每 667 米² 栽 3 500 株。

此外,还可选用津春 3 号、裕优 3 号、春光 1 号、津绿 3 号、中农 13 号等品种。

6. 适合日光温室越冬栽培黄瓜的主要品种特性是什么?

日光温室冬季及早春室内温度低、光照弱、空气湿度大及外界天气状况变化频繁等环境特点,要求品种具有较强的耐低温弱光及耐高湿能力,早熟,瓜码密,品质好。植株生长势强,茎较粗,叶片肥大,深绿色。以主蔓结瓜为主,分枝中等,平均每 667 米² 早期产量 600～870 千克,总产量 5 000～9 000 千克,播种至采收 60～70 天,采收期 80～100 天,几乎节节有瓜,回头瓜多,生长速度快。同时,由于其生长期长,连续结果性能好的高产品种,高抗霜霉病、白粉病和枯萎病等病害。

7. 适合保护地秋延后栽培黄瓜对商品性的要求是什么? 主要品种有哪些?

保护地秋延后栽培黄瓜对商品性的要求:瓜条顺直,色深绿,亮有光泽。顶部无黄色条纹,瘤小,刺密,白刺,瓜把短,心腔小,清香味甜,瓜长 30～35 厘米,横径 3～3.3 厘米,瓜把长 3～3.5 厘米,单瓜重 200～350 克,保鲜期长,无病虫害和新鲜洁净,农药残留量符合国家要求,品质好。

主要品种如下。

(1)中农 8 号 是中国农业科学院蔬菜花卉研究所育成的中熟一代杂种,植株生长势强,生长速度快,株高 220 厘米以上。主、侧蔓结瓜,分枝多,第一雌花节位在主蔓 4～6 节,以后每隔 3～5 节出现 1 朵雌花。瓜条顺直,色深绿,有光泽。顶部无黄色条纹,瘤小,刺密,白刺,瓜把短,心腔小,质脆,味甜,清香。瓜长 35.1 厘米,横径 3.3 厘米,瓜把长 3 厘米。抗霜霉病、白粉病和枯萎病。每 667 米² 产量 4 000～6 135 千克。

栽培要点:北方地区秋延后保护地栽培,7月下旬至8月上旬定植直播。分杈多,不宜密植,每 667 米² 栽 3 500～4 000 株。茎蔓爬架后及时打顶,促早发侧枝,侧枝留 1 叶 1 瓜摘心。

(2)农大秋棚 1 号 是中国农业大学园艺学院蔬菜系育成的一代杂种。植株生长势强,分枝能力中等,第一雌花着生在 5～8 节。雌花节率 30％,结果性能好,可多条瓜同时生长,瓜长棒形,长 30～35 厘米,单瓜重 300～400 克。瓜色深绿,有光泽。顶部无明显的黄色条纹,刺瘤适中,质地脆,味香甜,保鲜期长,品质好。后期在偏低温度条件下,瓜条发育速度快,耐涝性较好。对霜霉病、白粉病、炭疽病的抗性与津研 4 号接近,对枯萎病的抗性强于津研 4 号。每 667 米² 产量 3 000 千克以上。适宜全国各地温室及塑料大棚秋延后栽培。

(3)津优 1 号 是天津市黄瓜研究所育成的早熟一代杂种。植株生长势强,叶色深绿,侧蔓较少,主蔓结瓜为主。第一雌花着生在 3 或 4 节,雌花节率 80％。瓜条长棒形,长 36 厘米左右,单瓜重 200 克左右。瓜把短,瓜色深绿,瘤显著,密生白刺。耐低温弱光性能好。高抗枯萎病、霜霉病、白粉病,丰产性和稳产好,播种至采收 60～70 天,春季塑料大棚栽培采收期 70～90 天,每 667 米² 产量 5 800～6 300 千克。

栽培要点:适宜我国北方各地春、秋塑料大棚栽培。苗龄30～35 天,每 667 平方米栽苗 3 500 株。采收中后期加大肥水管理,进行叶面喷肥。

此外,还可选用津优 2 号、春香、津杂 1 号、津杂 2 号、农大 12 号、农大 14 号、中农 5 号等品种。

8. 适合保护地秋延后栽培黄瓜的主要品种特性是什么?

保护地黄瓜秋延后栽培中,前期温度高、后期温度低,所以要求选用苗期较耐热、抗病力强、丰产、结瓜期较耐低温的中熟或中晚熟品种。植株生长势强,分枝能力中等,以主蔓结瓜为主。第一雌花着生在 5～8 节。雌花节率 30％,苗龄 30～35 天,播种至采收 60～70 天,每 667 米² 产量 5 800 千克以上。高抗枯萎病、霜霉病、白粉病,丰产性和稳产性能好。

9. 适合春季露地栽培的早中熟黄瓜对商品性的要求是什么? 主要品种有哪些?

露地春黄瓜栽培对商品性要求:瓜条棍棒状,瓜条发育形状好,粗细基本一致,无畸形,无机械损伤,无异味以及无病虫危害。瓜条长 35～40 厘米,横径 3～3.5 厘米,单瓜重约 250 克,顶部黄色条纹量少,瓜皮深绿色,刺瘤中等偏小、中等密度,刺白色,口感脆甜,新鲜洁净,农药残留量要符合国家要求。

(1)**郑黄 3 号** 品种代号 95-8,郑州市蔬菜研究所新育成的一代杂交种。该品种中早熟,株高 250 厘米,叶片深绿色,生长势强,于 3～4 节着生第一雌花,节成性好,以主蔓结瓜为主,瓜长 40 厘米左右,横径 3 厘米,单瓜重 250 克,瓜皮深绿色,刺瘤中等偏小、中等密度,刺白色,品质脆甜。高抗霜霉病、枯萎病、白粉病、炭疽病等。该品种可作春、夏、秋露地栽培和春小拱棚早熟栽培,每667 米² 产量达 6 500 千克以上,需高肥水条件。

(2)**金春四季** 郑州市蔬菜研究所 2002 年育成的杂交一代黄瓜新品种。植株生长势强壮,分枝较多,叶片肥厚,深绿色,以主蔓结瓜为主,主、侧蔓均能结瓜,节成性好,瓜条棍棒状,瓜条长 35 厘米左右,顶部黄纹量少,瓜皮深绿色,刺瘤中等,口感脆甜,商品性好。抗霜霉病、枯萎病、白粉病、炭疽病等病害。适宜春、夏、秋露地栽培,春露地每 667 米² 产量达 6 000 千克以上,需高肥水条件。

此外,东方明珠、津优 4 号、津优 1 号、津研 7 号、津研 4 号、津春 5 号、津春 4 号、清凉夏季、美绿一号、夏绿一号、世纪春秀、兴科青抗八号、津绿 4 号、兴丰早杂六号、园丰元黄瓜 5 号、园丰元黄瓜 6 号、夏优四号、冀优四号、种都一号、中农 1101、中农 2 号、种都二号、种都三号、丰研 6 号、巨丰九号、津优 40、津优 41 等品种。

10. 适合春季露地栽培的早中熟黄瓜主要品种特性是什么?

露地春黄瓜栽培的早中熟黄瓜品种主要品种特性是:早熟性好,植株生长势强壮,第一雌花节位在 3～5 节,抗逆性强,对分枝较多,叶片肥厚,深绿色,主、侧蔓均能结瓜,瓜码密,节成性好,从播种至采收 60 天左右,每 667 米² 产量 5 000 千克以上,果实多密刺,对霜霉病、枯萎病、白粉病、炭疽病抗性较强。

11. 适合夏秋露地栽培的中晚熟黄瓜对商品性的要求是什么? 主要品种有哪些?

夏秋露地栽培的中晚熟黄瓜对商品性的要求:黄瓜瓜条顺直,无畸形,无机械损伤,无异味以及无病虫危害。长 35～40 厘米左右,单瓜重 200 克左右,瓜色深绿,有光泽,棱沟不明显,白刺,刺瘤小而稀,果肉淡绿色,瓜把短,质脆,味甜,品质优,新鲜洁净,农药残留量要符合国家要求。

(1)豫黄瓜 1 号 是郑州市蔬菜研究所选育的品种,1991 年通过河南省农作物品种审定委员会审定,1992 年获河南省科技进步二等奖。株高 2.5 米左右,以主蔓结瓜为主。第一雌花着生在 4 或 5 节。瓜长 40～50 厘米,横径 3 厘米左右,单瓜重 290～320 克。皮色深绿,棱沟不明显,白刺,刺瘤小而稀,肉质脆甜。中早熟,瓜条发育快。较抗霜霉病、炭疽病和枯萎病,耐热、耐湿,每 667 米² 产量 4 500~5 000 千克。

栽培要点:适宜春、夏、秋季露地栽培,已成为河南省主栽品种。春露地栽培 3 月下旬播种育苗,苗龄 30 天,每 667 米² 栽 4 000~4 500 株;夏季栽培 5~6 月份,秋季栽培 7~8 月份,每 667 平方米保苗 4 000 株。

(2)豫黄瓜 3 号 是河南省洛阳市农科所选育的一代杂种。植株蔓生,株高 2.2 米左右,主、侧蔓均能结瓜。第一雌花着生在主蔓 4 节,侧蔓短,1 或 2 叶现雌花。瓜皮深绿色,刺瘤适中,种子腔小,质脆,味甜,商品性好。瓜条长 30~33 厘米,瓜把短,单瓜重 134~210 克。抗病性较强。适应性广,抗逆性强。晚熟,全生育期 110~120 天,每 667 米² 产量可达 4 000 千克,适合春、秋露地或秋季保护地栽培。秋保护地种植,耐弱光,稳产性强。

(3)津育冬棚王 黄瓜瓜条顺直,长 35~40 厘米,单瓜重 200 克左右,瓜色深绿,有光泽,刺瘤明显。瓜把短,无苦味,商品性好。果肉淡绿色,质脆,味甜,品质优。同时还具有抗病性强和丰产性好的特性,一般春播每 667 米² 产量在 5 500 千克左右。适宜春、秋露地栽培。

此外,还可适用郑黄 3 号、金春四季、夏绿节成、京旭 2 号、夏青 3 号、津青 1 号、良丰秋瓜、农城 3 号、早丰 1 号、春丰 2 号、津美 1 号、津优 6 号、唐山秋黄瓜、天津秋黄瓜、农城 4 号、西农 58 号等。

12. 适合夏秋露地栽培的中晚熟黄瓜主要品种特性是什么?

夏秋黄瓜一般属华北类型的中早熟和中晚熟品种和华南类型的早熟、中早熟品种,其植株蔓生,株高 2.2 米左右,主、侧蔓均能结瓜;第一雌花着生在主蔓 4 节,侧蔓短,1 或 2 叶现雌花。选择生育强健,坐瓜节位较低,苗期较耐强光和高温,结瓜期较耐低温弱光,适应性、抗病性都较强的品种。从播种至采收 45 天左右,秋季每 667 米^2 产量 2 500 千克左右,炎热地区要选择耐热性强的品种,夏季多雨地区要选用耐涝抗病的品种,越夏栽培的要选生长期长的品种。

13. 华南型黄瓜品种的生育特点及适合的栽培区域是什么?

华南型黄瓜品种的生育特点:在短日照条件下能正常开花,茎叶较繁茂,耐湿、热,叶片较厚,根系较强,果实粗而短,果面光滑,呈圆柱形,果皮较坚硬,无刺瘤,晚熟。嫩瓜有绿、绿白、黄白色,味鲜,带甜味,皮薄肉厚,水分多。适合栽培的区域:华南种植区(广东、广西、海南、福建、云南等地)。

14. 华北型黄瓜品种的生育特点及适合的栽培区域是什么?

华北型黄瓜品种的生育特点:植株生长势中等,喜土壤湿润、天气晴朗的自然条件,对日照长短的反应不敏感。根系再生能力弱,节间和叶柄较长,果实细长,嫩果棍棒状,果面具有稠密凸起的果瘤,多刺,果瘤上着生白色刺毛。皮薄,绿色或深绿色,肉脆嫩,品质好,成熟时果皮黄白色,无网纹。已经形成春黄瓜类型、半夏黄瓜类型和秋黄瓜类型及保护地黄瓜诸种类型。适合的栽培区域:东北种植区(辽宁南部、吉林省等),华北种植区(北京市、天津市、河北省、河南省、山东省、山西省、陕西省、江西省北部),华中种植区(江西、湖北等地)。

15. 鲜食黄瓜及鲜食出口黄瓜商品性的要求是什么？适合鲜食及鲜食出口的黄瓜主要品种有哪些？

鲜食黄瓜商品性的要求：发育良好，无病斑和机械损伤，瓜条色泽新鲜，上下均匀一致，未失水软瘪，刺瘤坚挺，瓜体笔直弯度在 2 厘米以内，瓜把小于瓜长的 1/7，瓜腔细，小于瓜横径的 1/2，瓜条长度一致，标准差不大于长度的 1/10。单瓜重 180～230 克，瓜长 25～30 厘米，横径 2.5～3.1 厘米，黄色条纹量微或少，品质脆甜，新鲜洁净，无病虫害，农药残留量要符合国家要求。

鲜食出口黄瓜商品性的要求：瓜色深绿且均匀一致，白刺，刺瘤稀疏，无籽或少籽，果实表面光滑，大小整齐均匀，抗黄瓜花叶病毒、黑星病、炭疽病、霜霉病、白粉病、枯萎病、角斑病、根结线虫病、烂果病等多种病害。无机械损伤和病斑，瓜体笔直弯度在 1.5 厘米以内，瓜腔细，小于瓜横径的 1/2，瓜条长度一致，标准差不大于长度的 1/10。单瓜重 150～200 克，瓜长 25～30 厘米，横径 2.9～3.5 厘米。黄色条纹量少或无，瓜顶与瓜中部粗比为 0.85～1，瓜尾与瓜中部粗比 0.9～1，质脆味甜，新鲜洁净，无病虫害，农药残留量要符合国家要求。

适合鲜食及鲜食出口的黄瓜主要品种有：津春 4 号、津春 3 号、裕优 3 号、春光 1 号、津绿 3 号、中农 6 号、郑黄 3 号、东方明珠、中农 13 号等。

16. 加工型出口黄瓜对商品性的要求是什么？适合加工的黄瓜主要品种有哪些？

加工型出口黄瓜要求具有优良的品质，包括瓜色深，果肉脆而硬，肉厚，心腔小，果实表皮薄而软，白刺，刺瘤多密或稀疏，果实呈三棱而不要太圆滑，长度适中以适合罐装，果形指数 3.0，同鲜食品种一样抗多种病害,瓜把部分颜色深并由瓜把部至端部逐渐变浅。刺瘤中等,瓜体笔直弯度在 1.0 厘米以内,瓜腔细,小于瓜横径的 1/2,瓜条长度一致(15～20 厘米),标准差不大于长度的 1/10,瓜把短、上下粗细基本一致,无病虫伤斑,无机械损伤,肉质特别脆嫩,商品性优,新鲜洁净,农药残留量要符合国家要求。

适合加工的黄瓜品种如下。

(1)津春 5 号 天津市农业科学院黄瓜研究所选配的加工与鲜食兼用的杂交一代新品种,原代号 89-10。早熟,春露地栽培第一雌花节位在 5 节左右,秋季栽培在 7 节左右。兼抗霜霉病、白粉病、枯萎病等 3 种病害,尤其是在多年连茬地表现出明显的抗病优势。霜霉病病指数为 8.6,白粉病病指数为 2.9,枯萎病发病率为3.7％。瓜条深绿色,刺瘤中等,心腔小肉厚,瓜条长 33 厘米,横径3 厘米,口感脆嫩,商品性状好。植株生长势较强。主蔓,侧枝同时结瓜,每 667 米² 产量可达 4 000～5 000 千克,较津研 4 号增产30％～50％。符合外贸加工出口标准要求,腌渍出菜率 56％,是加工与鲜食兼用的优良品种。

(2)日本乳黄瓜 早熟,主、侧蔓均可结瓜,植株生长到主蔓平架时打顶,以侧蔓结瓜为主。果实直条形,大小均匀,果皮乳黄色、光滑,瓜径 1～1.5 厘米,瓜长 10 厘米,平均单瓜重 25 克,果肉质地嫩白、少籽,腌制后产品乳黄色,口感香脆,色味俱佳。开花结果后植株生长高大,坐果率高,需肥量大,耐肥性好。

(3)南燕 是台湾农友种苗股份有限公司育成的加工专用型杂交一代,茎蔓粗壮,分枝性强。抗多种病毒病,耐枯萎病、霜霉病、白粉病强。瓜条细长,适收时瓜长 45 厘米,横径 3.5 厘米,单瓜重约 350 克。果整齐,果皮绿色,瓜刺白色极多。果肉厚而心腔特别小,种子发育极晚,肉质特别脆嫩,品质佳,适宜于腌渍、酱制等用作加工的最优良品种。

(4)美燕 是台湾农友种苗股份有限公司育成的鲜食及加工

专用型杂交一代,耐热性强,生长迅速。播种后 37 天开始采收,非常早熟,耐枯萎病、霜霉病、白粉病。丰产性能强。瓜条细长,适时采收时,瓜长 38 厘米,横径 3.5 厘米,单瓜重约 260 克。果皮绿色,具光泽,果刺白色,果形最直,少有劣果,果肉厚心腔小,肉质佳,风味甜脆,适于作沙拉,炒食极多。果肉厚而子室特别小,种子发育极晚,肉质特别脆嫩,品质佳,适宜于腌渍、酱制等多种用途。

此外,还可选用扬州乳瓜、线杂一号、山东四叶、台湾 152、津研 4 号、津杂 1 号、东方明珠等品种。

四、栽培模式与黄瓜商品性

1. 黄瓜主要的栽培模式有哪些?

我国是季风性大陆气候,横跨热带、温带和寒带 3 个气候区,有山区,有高原,这种复杂的气候及地理环境造成了我国黄瓜栽培茬口的地方性和多样性。黄瓜主要的栽培模式有露地栽培、保护地栽培和轮作、间作套种栽培。黄瓜栽培主要有以下 10 个茬口:春大棚栽培黄瓜、春露地育苗栽培黄瓜(包括春季小拱棚栽培黄瓜)、春露地直播栽培黄瓜(包括露地直播后用地膜覆盖种植黄瓜)、夏露地栽培黄瓜、秋露地栽培黄瓜、秋大棚栽培黄瓜、秋延后温室栽培黄瓜、越冬日光温室栽培黄瓜、早春温室栽培黄瓜(包括大棚多层覆盖栽培)、冬露地栽培黄瓜。

不同地区栽培模式、播种时间及适宜品种各不相同。在我国北方地区多以设施栽培和春、夏、秋三大茬露地栽培为主;黑龙江省、新疆北疆等地区单主作区仅春季一大茬栽培;双主作区和多主作区安排温室播种育苗,4 月底至 5 月上旬定植,5 月底至 6 月上旬开始采收;夏露地黄瓜栽培,4 月下旬至 5 月下旬露地播种,育苗的苗龄 30 天左右,5 月下旬至 6 月下旬定植;秋黄瓜 6 月中旬至 7 月上旬直播,生育期 90~100 天;大棚春黄瓜多在 2 月中旬温室播种育苗,苗龄 45~55 天,待棚内最低气温稳定在 3℃~5℃,10 厘米土层地温稳定在 12℃以上时定植。

北京市、天津市、河北省、河南省等地秋黄瓜大棚延后栽培,7 月下旬至 8 月上旬播种,辽宁省南部等高寒地区 6 月下旬至 7 月上旬播种;而日光温室秋冬茬栽培一般在 8~10 月份播种,11 月至翌年 1 月采收;冬春茬一般于 12 月至翌年 1 月播种,3~6 月份采收,或秋末播种,春节前后可大量上市。江西省、湖北省、浙江省、上海市、江苏省、安徽省等华中地区无霜期长,加之采用保护地栽培设施,故栽培季节很宽,一年四季均可栽培。春季早熟栽培或早春栽培,有大棚、小棚覆盖栽培和露地栽培两种。覆盖栽培一般2月份播种育苗移栽,5~6月份采收,可提早上市,产值、产量较高;露地栽培3月份播种,4月中旬后定植。夏季栽培多在4~5月份露地直播,6~7月份采收上市;秋季亦可直播或育苗,6~8月份播种,7~9月份采收;冬春利用大、中棚覆盖栽培,1月中旬至2月中旬播种育苗移栽,3~5月份采收。全年栽培季节主要有春季早熟栽培、夏季栽培、秋季和冬季栽培。栽培方式有露地和设施栽培两种,露地栽培主要以春季和秋季栽培为主,设施栽培有春季大棚早熟栽培、春季大中棚覆盖栽培,春季小棚加地膜栽培、春季塑料薄膜地面覆盖栽培,遮阳网覆盖越夏栽培,大棚秋延后栽培等。这是我国栽培模式最多的一个地区,是我国主要的温室大棚黄瓜种植区,也是我国黄瓜最大生产区。

广东、广西、海南、福建等华南类型种植区。此区一年四季均可露地种植黄瓜,冬季也有一些小拱棚及地膜覆盖栽培,但由于夏季温度偏高,夏黄瓜种植面积小。华南地区早春栽培,12月至翌年1月份催芽直播或育苗移栽,前期用小棚覆盖,3~4月份采收;秋季8~9月份播种,9~11月份采收;冬春栽培,10~11月份播种,一般亦用大、中棚覆盖栽培,12月至翌年2月份采收。海南和热带地区亦可用露地栽培。

四川、重庆等西南类型种植区。主要为露地及大棚黄瓜栽培、节能日光温室栽培。

甘肃、宁夏、新疆南疆等西北类型种植区。主要以露地种植为主,大棚、节能日光温室的栽培面积在逐年大幅度增加。

2. 黄瓜栽培有哪些设施类型?

黄瓜栽培已经形成由低级、中级到高级,由小型、中型到大型,由简单到完善,从单一温度提高到多项环境因素协调控制的一系列适应不同气候、不同地区、不同层次的多样化的栽培形式发展模式。

(1)简易设施 主要包括风障阳畦、温床和小拱棚等形式。其结构非常简单,搭建容易,具有一定的抗风和提高小范围内气温、土温的作用。因此,在冬季寒冷干燥且多风的北方,主要用于黄瓜冬春育苗、早春栽培。

(2)塑料棚和节能温室 包括高度在 1.5 米以上的中棚和大棚,是一种利用塑料薄膜覆盖的简易不加温的拱形塑料温室。具有结构简单、建造和拆装方便、一次性投资少、运营费用低的优点,因而在北方节能日光温室和塑料大棚已成为黄瓜设施栽培的主要形式。

(3)加温温室 是一种比较完善的设施栽培形式,除了充分利用太阳光能以外,还用人为加温的方法来提高温室内温度,供冬春低温寒冷的季节栽培黄瓜等园艺作物。加温温室在我国北方黄瓜育苗和生产中发挥着重要的作用。

3. 日光温室中如何进行黄瓜的茬口安排?

日光温室黄瓜栽培在茬口上有三大类型:即早春茬、秋冬茬和冬春茬。

(1)早春茬 一般在 12 月下旬至翌年 1 月上中旬播种,2 月份定植,2 月下旬至 6 月上中旬供应市场。各地日光温室早春茬黄瓜生产时期定植期应灵活掌握,根据温室的结构、保温性及管理水平而定。东北北部及内蒙古地区播种期 1 月上中旬,定植期 2 月中下旬,供应期 3 月上中旬至 6 月上中旬;东北南部、华北及西北地区播种期 12 月下旬至翌年 1 月上旬,定植期 2 月上中旬,供应期 2 月下旬至 6 月上中旬。

(2)秋冬茬 一般 8 至 9 月上旬播种,9 月份定植,10 月上旬至翌年 1 月上旬供应市场。各地日光温室秋冬茬黄瓜生产时期,供应期延长的长短取决于温室结构和保温性及管理水平。东北北部及内蒙古地区播期 8 月上中旬,定植期 9 月上中旬,供应期 10 月上中旬至 12 月上旬;东北南部、华北及西北地区播期 8 月中下旬至 9 月上旬,定植期 9 月下旬,供应期 10 月中下旬至翌年 1 月上旬。

(3)冬春茬 一般 10 月中下旬播种,11 月中下旬至 12 月初定植,春节前上市,一直供应到 6 月份。日光温室冬春茬黄瓜不加温生产经济效益高,技术难度大,是我国设施园艺技术的一项重大突破。

4. 温室黄瓜的灌溉方式有哪些?其优缺点是什么?

温室常见的灌溉方式有以下 5 种。

(1)沟灌 将水通过水渠或管道直接灌入垄沟中的浇水方法。常用在进行高畦或高垄栽培的园艺作物上,优点是灌溉速度快,缺点是温室内湿度大,尤其在温度较低的季节。

(2)膜下暗灌 在高畦的基础上,中间开沟后再覆盖地膜,采用膜下暗沟浇水的方法,能显著降低温室内的湿度,增产效果显著。

(3)微灌 一种新型节水灌溉技术,具有省水、节能、增产、土壤适应性强的优点。主要用在夏季的增湿降温,多使用微喷或雾化装置。使用微喷可使作物获得进一步分配的水分,使大范围地区变得湿润,微喷灌溉系统由耐久性塑料部件构成。微喷灌对水质要求很严,一般应经过 1 次或 2 次的过滤处理。

(4)滴灌 利用低压管道把水或溶有化肥的溶液均匀而又缓

慢地滴入蔬菜根部附近的土壤,主要优点是节约用水,可完全避免水分大量损失,便于灌溉自动控制,灌溉系统埋于地下,节约占地。可结合灌水进行施肥,避免肥料流失,提高肥效。寒冷季节在温室内采用滴灌,可避免由于灌水带来的地温下降。同时,降低温室内空气湿度,降低病害发生,滴灌可保持土壤处于最湿润状态,促进蔬菜优质高产。

(5)渗灌 利用埋设地下的管道,将水引入蔬菜根系分布的土壤,借毛管作用自下而上或向四周湿润土壤。优点是可使土壤湿润均匀,保持土壤团粒结构,无板结层,疏松透气,省水、省肥,可同时进行其他田间管理,近地面空气湿度低,能有效控制病害。

5. 温室黄瓜浇水时应注意哪些事项?

温室浇水时间和水温是冬季和早春温室浇水应注意的,如果浇水不当,室内空气湿度大,病虫害发生严重,影响蔬菜的产量和商品品质。浇水时间关系到地温和空气湿度。冬季和早春温室浇水一般要选择晴天上午,或阴天刚过晴天时,且浇水后最好能有几个连续的晴天,以便恢复地温并及时放风排湿。冬季浇水后地温一般会下降 2℃～3℃,如果浇水后遇到连阴天,地温要下降5℃～8℃甚至更低。温室浇水的水温应该与温室地温相近或略高。

6. 温室内会产生哪些有害气体?

由于棚室内有较长时间与大气隔绝,棚内气体成分、温度、湿度与大气有很大差别,既有有害的部分,也有有益的部分,如果因空气管理的不善,会产生一些有害气体,造成减产和绝产。

(1)氨气 棚室内氨气危害主要是由于施肥不当造成的,如直接在地表撒施碳酸氢铵、尿素、禽粪,在棚室中施用大量未腐熟好的有机肥料和化学肥料都会直接或间接释放氨气。

(2)二氧化氮 在大量增施氮肥的情况下容易诱发二氧化氮

危害。当室内二氧化氮的浓度达到 2 微升/升时,可使叶片受害。土壤酸化和土壤中有大量氨的积累会发生二氧化氮危害。二氧化氮气体危害和氨气危害症状相似,区别方法是测试棚内水滴的 pH 值,当水滴的 pH 值小于 6.5 时说明可能发生了二氧化氮危害。

(3)二氧化硫 多发生在用硫磺粉熏蒸消毒不慎或有的加温时使用柴草、煤炭燃烧不完全,会产生二氧化硫气体,对人和黄瓜均有害,造成茎叶坏死,影响产量。

7. 保护地栽培中怎样进行二氧化碳施肥? 应注意哪些问题?

日光温室冬季生产由于室内外温差大而通风量小或通风时间晚,在晴好天气时,植株叶片光合作用旺盛而不断吸收和消耗二氧化碳,常造成室内空气中二氧化碳亏缺,因此有必要进行补充二氧化碳施肥,以提高叶片光合强度,达到提高产量、改善商品质、提高植株长势和抗逆性的目的。二氧化碳施肥方法很多,但目前我国保护地生产上主要采用碳酸氢铵与硫酸进行化学反应后释放二氧化碳的方法。即先将稀释后的硫酸存放于非金属容器中,然后将碳酸氢铵装入塑料袋中,并将塑料袋的底部均匀地扎 5 或 6 个孔,将塑料袋口封闭后投放到稀硫酸中。碳酸氢铵与硫酸进行化学反应后即可将二氧化碳释放到室内空气中,而反应产物硫酸铵则可作为肥料利用。

温室中补充二氧化碳施肥,应注意以下问题:①应选择晴天上午,且温室未放风时进行施肥,阴雪寡照天气黄瓜光合效率低,室内二氧化碳浓度较高,再进行人工二氧化碳施肥其增产效果不明显;②二氧化碳相对密度较大,施肥后不易向四周扩散,因而应进行多点施肥,每个施肥点控制面积不宜大于 30 米²;尽管二氧化碳施肥可以显著提高植株长势及黄瓜产量,但当室内二氧化碳浓度过高时,反而会带来负面影响,叶片皱缩、早衰,甚至植株出现花打顶现象。通常情况下,施肥后室内二氧化碳浓度不宜超过 $1000\sim1200$ 微升/升。

8. 黄瓜对透明覆盖材料有哪些要求?

保护地对透明覆盖材料主要有以下要求。

(1)透光性 透明覆盖材料主要的功能是采光,要满足保护地设施物的光量和光质的要求,有利于作物的光合作用和室内增温。

(2)耐压性 透明覆盖材料必须结实耐用,耐得起风吹、雨打、日晒、冰雹的冲击和积雪的压力,同时还得经得起运输、安装过程中受到拉伸挤压。

(3)耐老化性 为了控制薄膜的老化,延长使用寿命,需要在生产塑料薄膜时添加光稳定剂、热稳定剂、抗氧化剂和紫外线吸收剂等助剂,成为有防老化功能的覆盖材料。

(4)双防性(防雾、防滴水) 保护地棚室内是相对密闭的高湿环境,当温度降至露点温度以下时就有可能在室内生成雾,或在覆盖材料内表面上生成雾滴。雾气弥漫或表面被水滴沾满,将大大降低覆盖材料的透光率,同时雾滴和露滴容易使植物的茎叶润湿,诱导病害的发生和蔓延,需要在生产薄膜时增加防雾滴剂。从保护地生产的角度看,要求防雾滴功能持续时间长,而且防雾和防滴同步。

9. 黄瓜生产中怎样使用反光幕?

黄瓜生产中使用镀铝聚酯反光幕主要用于冬季和早春的温室栽培。作用表现在有较好的增光作用,能够提高地温和气温,可以提高黄瓜秧苗的质量,能够达到增产增效的功效。

(1)张挂方法 沿棚室走道于后墙高 2 米处东西拉一道铁丝。将 1 米宽的反光幕两幅按需用长度剪断,用透明胶布粘接成 2 米宽的幕布。将幕布上端折回,包合铁丝,然后用透明胶带固定,形成自然下垂的幕布。反光幕与地面保持在 75°～85°角为宜。

(2)张挂时间　主要在冬季和早春,一般在 11 月至翌年 3 月。

(3)反光幕的选择　铝易氧化,不耐酸碱,聚酯镀铝在温室高湿的环境条件下易脱落,因此最好选用外层覆有塑料薄膜的镀铝聚酯反光幕。

(4)应注意的问题　在定植初期靠近幕布处要注意补水,以免光强、高温烤苗。育苗时最好在反光幕前留 50 厘米宽的过道,再按东西走向做成 2 米宽的畦,使秧苗处在反光幕的有效范围内,从而达到苗齐苗壮的目的。反光幕不产生热量,也不蓄热,不能代替能源,必须在采光、保温性能好的棚室中应用,效果才能更好。反光幕忌长期被水浸渍或潮湿保存,必须适度通风晾晒,放于干燥阴凉处保存。

10. 黄瓜生产中常用的地膜有哪些种类? 各有何作用?

地膜覆盖栽培是最简易的一种保护地栽培形式,投资不大,操作简便,增值显著,效益很高。地膜覆盖具有明显增加地温,保持土壤水分和肥效,防止土壤干旱和涝渍,减少和防除杂草及减轻盐碱地土表返盐,还具有省工、节水、节省费用等优点。

(1)普通地膜　具有增加土壤或地表温度,保水提墒,抑制盐碱,防止肥水流失,增强光照,优化土壤理化性质,减轻病虫草害等的功效。它有 2 种类型:广谱地膜和微薄地膜。

(2)黑色地膜　主要用于草害重、对增温效应要求不高的地区,或季节覆盖或软化覆盖栽培,幅宽为 100～200 厘米。

(3)黑白两面地膜　这是一种两层复合膜,一层为乳白色,一层为黑色,适用于高温季节防草、降温覆盖栽培。这种地膜幅宽为 80～120 厘米。

(4)微孔地膜 这种地膜上带有微小的孔,适用于南方温暖湿润气候条件下作地面覆盖栽培,这种地膜的厚度在 0.015 毫米以上,幅宽 100～120 厘米。

(5)避蚜地膜 防治病毒病的发生和蔓延,这种地膜厚度一般为 0.015～0.02 毫米,幅宽 80～120 厘米,特别适用于各种蔬菜覆盖栽培。

(6)除草地膜 是在普通地膜的一面,混入或吹附上除草剂,覆盖时将载有除草剂的一面贴地面,使其具有除草作用,特别适用于草荒严重的田块地面覆盖栽培。

(7)种植孔地膜 在生产地膜的过程中,按覆盖作物的行株距配置要求,在地膜上预置好种植孔,铺膜后不用打孔即可种植或定植,这样既省工又标准。

11. 为什么地膜覆盖能使黄瓜增产?

黄瓜地膜覆盖,主要用于冬春日光温室、大棚及露地栽培中。覆膜增产原因如下。

(1)提高土温 在春季覆膜后,晴天中午比不覆膜的最高能提高 8℃～10℃,早春覆膜后 5～10 厘米土层的积温,比对照提早 15 天进入根系生长的适温范围。

(2)避免水分蒸发 一般地面覆盖率在 60%～70%。盖在垄上面的膜,使膜下与土壤之间水分状况形成一个内循环。

(3)保持土壤团粒结构 在根的生长过程中,不断地吸收氧气,排出二氧化碳,再加上土壤微生物的活动和有机肥的分解,土壤间隙中二氧化碳含量不断增加。

(4)加速分解养分,减少养分流失 覆膜后由于提高土层内温度,水分适宜,空气充足。同时,也能遮挡住雨水冲击垄面,减轻了土壤中肥料的流失。

(5)增强光照 覆膜后,由于膜对光的反射作用,可使植株下部叶片增强光照,提高光合性能,延缓叶片衰老。

12. 塑料大棚怎样进行多层覆盖?多层覆盖栽培可以提高黄瓜哪些商品性?

塑料大棚多层覆盖是为了进一步增加保温效果,为促进早定植、早采收和防止天气突然降温对植株的伤害。具体操作方法如下。

(1)大棚内地膜覆盖 一般采用小高畦覆盖。地膜覆盖对增加地温尤为明显。

(2)大棚内套小拱棚 大拱棚小苗定植后,可用竹竿在畦上插成小拱形,一般一畦插一小拱,再在拱上盖上膜,即为小拱棚栽培;如果一拱能覆盖的垄数较多,即为大拱栽培。大棚内套拱棚可比单层覆盖再提早定植 7 天左右。拱棚的覆盖材料可以是地膜、薄膜或无纺布等。晴天时白天宜揭去拱棚上的覆盖物,晚上盖好覆盖物保温。低温阴天时白天可不揭覆盖物。

(3)二层膜覆盖 无柱式大棚内设拉幕式二层膜,可提高设施内温度 2℃～3℃。设置时可在距顶膜 25 厘米高处拉铁丝,每隔 2 米拉一道,然后将二层膜或无纺布架在铁丝上。太阳落山时即可把二层膜拉开盖好,进行保温;太阳升起时拉开二层膜,将膜集中在大棚的两边,以利于幼苗更多地接受太阳光。

(4)多层覆盖 大棚内结合地膜覆盖、小拱棚(大拱棚)、二层膜覆盖等进行多层覆盖栽培,也可在大棚外四周围盖草苫等。多层覆盖主要是采取防寒保温措施,有助于黄瓜花芽正常分化,抑制植株徒长,提高了坐果率,减少了畸形瓜和花打顶;增强了抗病性,提早定植并促进早熟,也提高了黄瓜的外观品质。

13. 塑料大棚春黄瓜栽培如何预防寒流？应采取什么补救措施？

大棚春黄瓜定植期比较早，华北地区一般在3月份定植，这时经常有霜冻出现，同时还会出现寒流，外界气温会降至$-5℃$～$-8℃$。定植时的防寒设备如不能抵御这样的低温，就应及时采取相应的防寒措施，如加小拱棚，有拱棚的可在棚内加明火，每667米^{2}棚两头和中间各点上一堆火，以炭火或木柴火较好。同时一定要在棚四周加裙苫，这样就可以防御短时的低温。如因工作疏忽，早晨发现瓜叶略受冻害，为了不遭受严重损失，可在太阳出来之前将棚膜扒开缝，拱棚不要揭，让温度缓慢回升，可以避免遭受大的损失。

14. 多层覆盖栽培黄瓜的关键技术有哪些？

多层覆盖栽培黄瓜的关键技术主要有以下几个方面。

(1)适时播种，培育壮苗 大棚春黄瓜播种期可在1月上旬至2月上中旬，宜采用大棚加小拱棚（或大棚电热温床）育苗。苗龄40～45天，播种量每667米^{2}为150～200克。先将种子在清水中浸泡，再放入55℃的热水中，水量为种子量的3～4倍，不停地搅拌，待水温降至30℃左右时，再浸种4～6小时，然后放在28℃～30℃催芽箱中进行催芽。选未种过瓜类作物的地块做苗床，整平床土，浇足底水，进行播种。覆上药土2厘米，药土是1米^{2}苗床土与1.5千克钙镁磷肥和0.15千克代森锌、0.15千克甲基硫菌灵混合而成。从播种至子叶出土，需要维持较高的温度。当外界温度降至15℃时，上大棚围裙；当气温降至10℃时，夜间小拱棚开始盖草苫。白天温度保持在25℃～30℃，夜间20℃左右。幼苗出土后适当降温，白天温度保持在25℃左右，夜间16℃左右。播后4～5天将小苗移入营养钵，移苗后至活棵前，适当高温高湿，苗床内保持 25℃～30℃,3～4 天后逐渐降温,白天控制在 20℃～25℃,夜间 14℃～16℃,以防徒长。苗期经常保持床土湿润,浇水要选择晴天进行,可结合用 0.2%磷酸二氢钾与 0.2%尿素追肥,施后充分通风,促成壮苗。

(2)适时定植 大棚套小拱棚加地膜、草帘栽培,于 2 月中旬至 3 月上旬,当苗龄 40～45 天,株高 15～20 厘米,有 5～6 片真叶时定植。垄宽 1.3 米,每垄栽 2 行,小行距 40～50 厘米,大行距 80 厘米,每 667 米² 栽 4 000 株左右。

(3)加强田间管理

①肥水管理 定植前 15 天在畦中开沟施入基肥,每 667 米² 施基肥 1 500 千克,人粪尿 1 000 千克,复合肥 45 千克。定植缓苗后,每 667 米² 施人粪尿 1 000 千克,15 天后再追肥 1 次。黄瓜生长快,肥水供应要及时,施肥方法采用"薄肥勤施"、"少量多餐"的原则,一般每采收 2 次追肥 1 次。整个生长期要保持土壤湿润。进入盛瓜期后,根据土壤含水量,每隔 1～2 周浇水、追肥 1 次。

②温度管理 定植后要保持较高棚温,以利缓苗。缓苗后加强保温、防冻和通风等措施。一般晴天,白天棚内气温达到28℃～30℃时通风,阴天,适当通风,保持温度 20℃左右,夜间棚温 15℃(不低于 10℃),大棚内小拱棚上的草帘等要早揭晚盖,以增加光照。一般小拱棚在搭架引蔓前拆去,4 月下旬揭掉大棚边膜,顶膜一直保留到采收结束。

应用植物生长调节剂保花保果,始花期用坐果灵 100 倍液喷花保果,以提高前期产量。

(4)病虫害防治 主要病害有霜霉病、疫病,枯萎病、白粉病。特别是注意霜霉病的提前预防,一般大棚黄瓜霜霉病在 3 月中旬开始,每隔 5～7 天选用 25%多菌灵、70%丙森锌、58%甲霜灵可湿性粉剂 500 倍液喷雾。在霜霉病发病初期,用 72%霜脲·锰锌粉剂 750 倍液,或 69%烯酰吗啉粉剂 600 倍液防治。阴雨天气可每 667 米² 用 45％百菌清烟熏剂 0.2 千克,于夜间闭棚熏烟,第二天早晨通风,与喷药轮换使用。虫害主要是蚜虫,可用 10％吡虫啉可湿性粉剂 2 500 倍液防治。

15. 黄瓜塑料大棚和温室放风的原则是什么? 如何放风?

黄瓜塑料大棚生产是在人为控制下进行的。棚内的温、湿度调节和气体交换靠放风来解决。放风的原则是:先小后大,先中间后两边。一般大棚是四块棚三道缝,放风时先放中间的缝。放边风时,上午先放西面,后放东面,下午合缝时,先合西面再合东面。以避免太阳直射瓜秧的时间过长,使黄瓜叶片的老化程度缓慢,有利于生长发育的正常进行。

黄瓜定植后的一段时间里要封闭温室,保证湿度,提高温度,促进缓苗;缓苗后要根据调整温度和交换气体的需要进行放风。但随着天气变冷,放风要逐渐减少。冬季为排除室内湿气、有害气体和调整温度时,也需要放风。但冬季外面温度低,冷风直吹到植株上或放风量过大时,都容易使黄瓜受到冷害甚至冻害。所以,冬季放风一般只开启上放风口,放风中要经常检查室温变化,防止温度下降过低。春季天气逐渐变暖,温度越来越高,室内有害气体的积累会越来越多,为了调整温度和空气交换要逐渐加大通风量。春季的通风一定要和防黄瓜霜霉病结合起来。首先,只能从温室的高处(原则上不低于 1.7 米)开口放风,不能放底风,棚膜的破损口要随时修补,下雨时要立即封闭放风口,以防止霜霉病孢子进入室内。另外,超过 32℃ 的高温有抑制霜霉病孢子萌发的作用,这也是在放风时需要考虑到的问题,当外界夜温稳定在 14℃～16℃时,可以整夜进行放风,但要防雨淋入室内。日光温室的黄瓜一直是在覆盖下生长的,一旦揭去塑料棚膜,生产即告结束。

16. 黄瓜遮阳网覆盖栽培主要应用在哪些时期?

根据黄瓜生长发育对温光条件的要求,在 7～8 月份,生产黄瓜都有高温强光逆境问题,尤其是苗期、定植缓苗期的高温、强光对黄瓜的生育不利,因此要进行黄瓜遮阳网栽培,也是夏、秋季节栽培黄瓜丰产的关键措施之一。黄瓜遮阳网覆盖栽培的技术关键是覆盖时期及覆盖方式以及揭盖管理,使遮阳网覆盖后满足黄瓜生育期对温度、光照的要求。

不同的蔬菜种类对光照的要求及其光合作用的适宜光照强度也是不同的,因此应根据覆盖期间的光照强度、天气变化选择适宜遮光率的遮阳网,以满足作物生长发育对光照条件的要求。就黄瓜栽培而言,所选遮阳网的遮光率以 30%～50% 为宜,在不同应用时期,要根据实际情况灵活掌握。

17. 黄瓜育苗期遮阳网覆盖的技术要点是什么?

黄瓜育苗期遮阳网覆盖主要时期是夏、秋高温强光季节,一般用于秋露地黄瓜、大棚秋延后和秋冬茬日光温室黄瓜生产上的育苗。秋露地黄瓜和大棚秋延后黄瓜的育苗一般均采用直播法,这种方法由于不移栽不伤根,土壤传播病害较轻,秧苗生长良好,长势较强,但缺点是用工多,苗期管理难度大,如在大棚内遇高温,秧苗易徒长细弱。为促进高温季节黄瓜出苗整齐,幼苗健壮,播种后用遮阳网覆盖。覆盖方式可采用浮面覆盖、平棚覆盖和大棚覆盖等方式。若采用浮面覆盖育苗,则播完种子盖上一层薄土后,即盖上遮阳网,并立即淋水,以提高出苗率,出苗后立即升高遮阳网。在南方多暴雨地区,平棚覆盖、浮面覆盖或大棚覆盖都可采用,以灰网或黑网为宜。秋冬茬日光温室黄瓜生产的育苗时间一般在 8月下旬至 9 月初,此茬黄瓜结瓜正处于低温弱光的冬季,为促进其在低温弱光季节的生长发育,生产上多采用嫁接育苗技术。生产上可采用黑色遮阳网直接覆盖于大棚或日光温室骨架上遮阳,也可在小拱棚上直接覆盖遮阳网。4 天后 10～15 时遮光,其余时间不遮光。6 或 7 天后撤除遮阳网,实行全天见光。

18. 黄瓜移栽后遮阳网覆盖的技术要点是什么?

黄瓜移栽后遮阳网覆盖技术主要用于保护地棚室秋延后栽培。

秋延后栽培黄瓜采用育苗移栽方式,其定植期多在温度较高的 7 月下旬至 8 月上旬,定植后促进缓苗,多采用遮阳网覆盖栽培,覆盖方式仍以一网一膜为最好,可同时兼有避雨、遮阳、降温功能,优化栽培环境,促进黄瓜缓苗。选择灰网,一般于定植后覆盖 7 天左右,缓苗后揭网。但黄瓜进行遮阳网覆盖栽培,除出苗前、嫁接成活期及定植后缓苗期全天覆盖外,一般均采用活动式遮阳网,可自由拉上拉下。

19. 什么是黄瓜的间作套种?间作套种可以提高黄瓜哪些商品性?

在黄瓜地上按照一定的行、株距和占地的宽窄比例种植几种作物,叫黄瓜间作套种。一般把几种作物同时期播种的叫间作,不同时期播种的叫套种。间作套种能够合理配置作物群体,使作物高矮成层,相间成行,有利于改善作物的通风透光条件,提高光能利用率,充分发挥边行优势的增产作用。间作套种是充分利用土、光、热、气、肥、空间和时间等因素采取综合措施,使黄瓜瓜条顺直,畸形瓜和化瓜少,瓜皮深绿有光泽,无病虫危害,肉质脆甜、鲜嫩,商品性好,以及提高单位面积的总产量。

20. 黄瓜与其他作物间作套种的搭配原则是什么？

黄瓜生产,除采用适应当地环境条件抗、耐病虫品种、培肥土壤、测土配方施肥、利用天敌和生物农药防治病虫害等外,合理进行间作套种也是一项重要的技术措施。实行间作套种可以使作物群体的田间配置更加合理,从而可以增加作物的光合面积和提高光能利用率,改善二氧化碳的供应状况,有利于作物对不同土层营养的充分利用,发挥作物的边行优势,减轻作物的病虫害的发生等。但间作套种的作物要搭配适当,否则将会造成不良影响。

实行间作套种的基本原则如下。

(1)充分利用光照原则 首先应考虑作物之间的光合作用特性,即必须是一种作物需强光,而另一种作物耐弱光。其次应考虑作物的高矮搭配,使其生物群体结构合理,能够最大限度地利用自然光照。第三应考虑作物的合理配置,包括作物间的行比、密度及行向。

(2)充分利用土壤肥力原则 即作物之间的根系深浅与所需营养的种类和数量有所不同,以充分发挥土壤的增产潜力。

(3)生长发育代谢产物互不拮抗原则 间、混、套作的作物之间在生长发育过程中的代谢产物最好具有互相促进作用。

(4)病虫害互不侵染原则 间、混、套作的作物不应是病虫害互为寄主的作物,同时,其配置后,应有利于改善复合群体内的小环境,从而达到抑制病虫害发生的目的。

21. 黄瓜与其他作物间作套种的常见模式有哪些？

黄瓜与其他作物间作套种的常见模式主要有以下几种。

(1)春玉米—秋黄瓜—大蒜 春玉米于当年5月上旬播种,大小行种植,大行距90厘米,小行距25厘米,株距25厘米。选用品种以农大 108 等为宜。播种前每 667 米² 施磷酸二铵 20 千克、尿素 25 千克、钾肥 15 千克及适量有机肥。7 月中旬于春玉米大行内播种 2 行黄瓜，黄瓜行距 40 厘米，黄瓜与玉米间距 25 厘米，生长期以玉米秸秆作为支架。黄瓜选用品种以津杂 2 号、津春 4 号等品种为宜。9 月下旬，秋黄瓜收获末期将秋黄瓜及玉米秸秆全部收获，耕翻后播种大蒜。播种大蒜前，每 667 米² 施腐熟人畜肥 2 000～3 000 千克、过磷酸钙 30 千克，大小行种植，大行距 30 厘米，小行距 17 厘米。大蒜 6 行为一种植带，地膜覆盖，翌年 5 月下旬收获。

(2) 生菜一油菜一黄瓜 在 1 月底 2 月初扣棚烤地，使土壤提前解冻。第一茬油菜与生菜间作，生菜于 1 月中旬在温棚内育苗，2 月中下旬移栽在油菜的畦埂上，4 月中下旬收获。油菜于 2 月中旬播种，3 月底至 4 月初收获。油菜与第三茬黄瓜的苗期有一段共生期，油菜于 3 月底至 4 月初播种，5 月中旬收获。黄瓜在 3 月初于温棚内播种育苗，在 4 月上旬将黄瓜套种在油菜的畦内，苗期与油菜共生一段时间，7 月份拉秧。

(3) 大棚秋黄瓜一甘蓝一油菜 做宽 50 厘米的小高畦，畦沟宽 80 厘米。畦上栽 2 行黄瓜，株距 25 厘米，每 667 米² 栽 3 500 株左右。在黄瓜定植前可先定植早熟甘蓝、油菜、生菜等耐寒性蔬菜，并加强保温和肥水管理，当黄瓜定植后，生长开始遮光前，间作套种的耐寒性蔬菜即可收获。这种方式一般适用于保护地冬春季早熟栽培。如大棚黄瓜一般于 3 月中下旬定植，套种的耐寒性蔬菜可在 2 月底至 3 月初定植，华北的南部地区莴苣等可于 11 月中下旬定植。为使耐寒蔬菜早定植早收获，还可结合小拱棚覆盖，甚至在晚上加盖不透明覆盖。

(4) 大棚辣椒间套黄瓜 辣椒品种可以选用早熟、抗病、抗寒、株矮、丰产的优良品种。黄瓜选用主蔓结瓜，而且分枝少，同时又具有早熟、抗寒、抗病、丰产等特性的优良品种。为了提早上市，增加经济效益,辣椒可于11月上旬播种育苗,翌年1月份进行假植,3月上旬定植;黄瓜于2月上旬播种,苗龄30~35天,于3月上中旬定植。

(5)日光温室黄瓜—苦瓜 黄瓜选用适宜温室栽培的耐低温、弱光的品种;苦瓜选用生长势强、适宜本地种植的品种如绿冠苦瓜。黄瓜与苦瓜分别于9月下旬进行育苗。黄瓜使用黑籽南瓜或白籽南瓜种作砧木,培育嫁接苗,苦瓜用营养钵育苗,育苗期间温室内白天保持25℃~30℃,夜间15℃~20℃,定植前夜间温度降至10℃进行低温炼苗。

22. 黄瓜与其他作物轮作、套种的搭配原则是什么?

黄瓜与其他作物轮作、套种的搭配原则主要有以下几点。

(1)黄瓜养分需求原则 黄瓜是浅根类的作物,要同深根类的豆类、茄果类蔬菜进行轮作倒茬,这样可使土壤不同层次中的养分得到充分利用。吸肥快的黄瓜、芹菜、菠菜等,下茬最好安排对有机肥第二反应较好的番茄、茄子、辣椒等。

(2)有利于减轻病虫害原则 瓜类蔬菜有感染传毒能力,连作黄瓜更为不利,如果改种其他类蔬菜,就能收到减轻或消灭病虫害的效果。如葱蒜采收后种上大白菜,可使软腐病明显减轻。粮菜轮作、水旱轮作,对土壤传染性病类的控制更为有效。

(3)最佳生育期原则 根据黄瓜的生育规律及其对生长条件的要求,结合本地区的气候特点,在无霜期内安排露地黄瓜生产。

(4)保护地设施的性能最大利用原则 日光温室和塑料棚栽培各有特点,特别是保温性能差异很大,虽然都是在露地不能生产的季节栽培,但是塑料大、中、小棚只能在一定程度上提早、延后栽培,供应期的延长是很有限的。实现黄瓜长年生产,周年供应,只有很好地应用日光温室。

各种保护设施由于性能的差异,播种和定植期是不同的,除了安排对黄瓜生育最有利的季节和时期栽培外,更重要的是合理使用不同的设施使产品供应期衔接,且避开产量高峰期。

(5)提高土地和设施的利用率原则 黄瓜攀缘生长,在生产上需插架或吊蔓占据空间,前期营养面积有剩余,又适于扩大行距缩小株距,因此利用速生菜、低矮的蔬菜进行套种,可以提高土地的利用率,增加产量和产值。

(6)控制杂草好与差的原则 如上茬安排了对杂草抑制作用好的蔬菜,下茬就可安排对杂草抑制作用差的蔬菜,就能起到事半功倍的效果。瓜类蔬菜、甘蓝、豆类、马铃薯等生长迅速或栽培密度大、生长期长、叶片对地面覆盖程度大,对杂草有明显的抑制作用;而胡萝卜、芹菜等发苗较缓慢或叶小的蔬菜,易滋生杂草。将这些不同类型的蔬菜,轮作倒茬进行栽培,可以收到减轻草害、提高产量、增加收入的效果。

23. 黄瓜与其他作物轮作、套种的常见模式有哪些?

春黄瓜的前茬,多为秋菜或春小菜及越冬小菜,后茬适宜栽培各种秋菜。夏秋黄瓜的前茬适宜栽培各种春夏菜,后茬适宜栽培越冬菜或春小菜。

(1)大棚春大白菜—夏黄瓜—西芹 大白菜在1月中下旬大棚内营养钵育苗,2月下旬移栽棚内,4月上旬始收,5月上旬拉秧;夏黄瓜于4月下旬营养钵育苗,5月下旬移栽,7月上旬始收,9月上旬拉秧;西芹于7月下旬育苗,9月中旬移栽,10月下旬扣棚,12月份始收,翌年1月上旬拉秧。

(2)大棚早秋甘蓝—秋番茄—秋延后番茄—冬春黄瓜—春夏丝瓜 早秋甘蓝于6月下旬播种,苗具1片真叶时即可假植到育苗钵内,苗龄1个月左右即可定植。甘蓝定植在畦东面,行距30厘米,株距40厘米,9月下旬至10月上旬采收完毕。早秋番茄于7月20日播种,幼苗2叶1心时即可假植到育苗钵内,5～6片真叶即可定植在秋甘蓝一旁,单行定植,株距20厘米,12月上旬采收完毕。秋延后番茄于8月下旬播种,幼苗2叶1心时分苗到营养钵中,10月上旬秋甘蓝采收后及时定植,行距30厘米,株距40厘米(行株距同早秋甘蓝),翌年2月下旬采收完毕。冬春黄瓜于11月上旬催芽育苗钵直播,12月中旬,从秋延后番茄植株20厘米处开一条20厘米小沟,把原来1.3米畦面划成两小畦,然后定植黄瓜,单行定植,株距20厘米,翌年4月下旬采收完毕。春夏丝瓜于1月上旬催芽,育苗钵直播,2月下旬秋延后番茄采收完毕后即可定植。单行定植,穴距35厘米,每穴双株,采收至晚稻插秧。

(3)日光温室种植早春甘蓝—黄瓜—芸豆—西葫芦 甘蓝11月中旬在日光温室内育苗,选用8398、郑研争春品种,翌年2月初定植于温室内,4月中旬收获,每667米^{2}产甘蓝3500千克,产值达2800元。黄瓜于3月底在温室内用营养钵育苗,4月底定植,6月中旬拉秧,每667米^{2}产黄瓜6000千克,产值3600元。芸豆于7月上旬播种,10月拉秧,每667米^{2}产芸豆1500千克。9月下旬至10月初育西葫芦秧苗,11月上中旬定植,翌年2月上旬收获完毕,每667米^{2}产西葫芦4000千克,产值4000元。

(4)节能型日光温室嫁接黄瓜—豇豆套种栽培 黄瓜于10月上旬播种、嫁接,11月中旬大小行(大行80厘米、小行40厘米)定植。翌年4月上旬在大行侧面点播豇豆,株距30~33厘米,4月下旬至5月上旬去掉黄瓜,结合深中耕进行培土,使豇豆行由原来的垄侧变为垄顶,当豇豆爬到距棚顶20~30厘米时即进行摘心,5月底开始采收,采收期可达80~100天。

五、栽培环境管理与黄瓜商品性

1. 影响黄瓜商品性的栽培环境有哪些?

影响黄瓜商品性的栽培环境有:露地栽培环境和保护地设施栽培环境。

(1)露地栽培环境 包括品种特性、栽培时间、育苗方式、栽培方式、间作套种作物选择、施肥方式、肥料种类、光照、空气温度、湿度、风、雨、冰雹、土质、土壤结构、土壤水分、土壤温度、肥水管理、农药使用、采收时期等。

(2)保护地棚室栽培环境 包括设施覆盖物保温性能和采光性、品种特性、育苗时间、栽培方式、肥料种类和施肥方式、光照、植物生长调节剂、轮作和间作套种作物选择、棚室温度、棚室湿度、农药种类使用、整枝方式、覆盖物揭苫早晚、浇肥水方式、植株调整、土壤温度和湿度、采收时期等因素。特别是越冬茬连阴天低温季节和雨雪天棚室温度和湿度管理不当,尤其是棚室中温度过低和湿度过高,会发生蔓延各种病虫害,如真菌性病害、细菌性病害、生理性病害、病毒性病害、土传病害、虫害、药害、土壤微生物、杂草、其他作物等危害,以上这些栽培环境在提高黄瓜商品性栽培中是不可忽视的。

2. 黄瓜生长发育对光照、温度有何要求?

黄瓜喜温但不耐高温,适宜的生长温度为 15℃~30℃,白天 20℃~30℃,夜间 15℃~18℃。黄瓜光合作用适温为 25℃~30℃。黄瓜不同生育时期对温度的要求不同。发芽期适温为 25℃~30℃,幼苗期白天温度为 19℃~25℃,夜间 15℃~18℃,地温 18℃～20℃,苗期花芽分化与温度、光照关系不大;抽蔓期适温白天 25℃～28℃,地温 18℃～20℃,夜间前半夜 15℃,后半夜 12℃～13℃。结瓜期适温白天 23℃～28℃,夜间 10℃～15℃,温度高果实生长快,但植株易老化。黄瓜开花适温为 18℃～21℃,花粉发芽适温 17℃～25℃。另外,黄瓜所处的环境不同生育适温也不同。在生产中应根据这些特点灵活掌握温度管理。

黄瓜对日照长短要求因生态环境不同而有差异,大多数品种 8～11 小时的短日照能促进雌花形成。黄瓜是果菜中相对比较耐弱光的蔬菜,光饱和点 5.5 万勒,光补偿点 1 500～2 000 勒,生育期间最适宜的光照强度为 4 万～5 万勒。在冬季日光温室栽培黄瓜,必须建造采光角度比较合理的温室,覆盖透光率比较高的防尘无滴膜,以增加室内光照;同时,还可采用张挂反光幕来增强室内光照,提高地温和气温。黄瓜的生长发育与光质也有着密切关系。600～700 纳米的红光部分,400～500 纳米的蓝光部分能提高光合效果,有利于提高黄瓜产量和商品性。

3. 为什么栽培黄瓜忌连作? 连作对黄瓜商品性有哪些影响?

首先,由于同一种作物的根系分布范围及深浅基本一致,吸肥种类相同,连作引起该范围土壤内缺乏某种元素,或某些元素因吸收少而过剩富集,影响对其他元素的吸收,致使植株生长不良,抗逆性下降;其次,根系在生育过程中分泌的有机酸及有毒或有害物质不易消除,使下茬黄瓜根系生长不良,植株吸收水分、养分受阻,花芽分化发育不良,化瓜和畸形瓜出现多,产量和商品性降低。最后,病虫害的危害具有专一性,对同科作物的侵染致病力强,连作导致病毒、病虫的积累危害,使黄瓜发生病毒病、细菌性病害、真菌性病害(黑星病、菌核病)、生理性病害等,增加管理负担,给生产带来损失,严重影响黄瓜的产量和经济效益。

4. 适合黄瓜栽培的前茬作物有哪些？西葫芦、丝瓜、苦瓜等葫芦科蔬菜能与黄瓜进行轮作吗？

适合黄瓜栽培的前茬作物有：葱蒜类蔬菜、豆类蔬菜、茄果类蔬菜、十字花科蔬菜、叶菜类蔬菜等。它们与黄瓜可以进行轮作倒茬，使土壤不同层次中的养分得到充分利用。

西葫芦、丝瓜、苦瓜等葫芦科蔬菜不能与黄瓜轮作，因为同为葫芦科瓜类蔬菜，有感染传毒能力，连作容易造成土壤贫瘠、生产能力下降等现象，连作危害主要有 3 个方面：一是土壤营养元素的缺乏或失调；二是土壤有害物质或不良微生物群落的产生；三是有害病虫的大量积累。连作黄瓜更为不利。如果改种其他类蔬菜，就能收到减轻或消灭病虫害的效果。如葱蒜采收后种上大白菜，可使软腐病明显减轻。粮菜轮作、水旱轮作，对土壤传染性病类的控制更为有效。

5. 黄瓜的播种时间如何确定，依据是什么？

黄瓜的播种时间决定了浸种、催芽和定植时间，确定播种时期是指设施栽培及露地栽培的育苗播种期。育苗的播种期就由育苗期长短来确定，同时也涉及苗龄的大小，苗龄一般可用叶龄、有无现蕾或开花来表示，在生产中可用天数来显示，如 60 天苗龄。在正常育苗条件下，育苗期长短与苗龄大小基本一致。黄瓜育苗期的长短依栽培设施类型对苗龄大小的要求有差异。如北方日光温室和塑料大棚黄瓜早春栽培育苗需要 45～55 天（4～6 片真叶），露地黄瓜育苗需要 30～35 天（3～4 片真叶），南方阴雨天较多，露地黄瓜育苗需要 40～45 天。要考虑育苗设备条件及品种不同而有较大的差异。选择性能良好育苗设备，育出的苗健壮，幼苗营养面积大，秧苗质量高，抗逆性强，定植后缓苗较快。培育能早熟丰产的大苗，要求有较高的育苗技术水平，如果育苗技术不高，很容易使大苗徒长或老化,降低秧苗质量。应用穴盘育苗,因营养面积小,苗期相应缩短 7～10 天。另外一些杂种一代与常规品种相比,育苗期要短一些。因此,要想掌握比较准确的黄瓜播种期,首先必须了解所培育的黄瓜对环境条件的要求,特别是为达到一定苗龄需要的活动积温;其次是育苗程序中各阶段育苗设施的性能可提供的条件。适宜的播种期是由人为确定的定植期减去秧苗的苗龄,向前推算的日期。最后还应考虑到气候条件、育苗技术水平和品种特性等多方面因素,同时还要考虑到分苗次数、分苗时期的早晚、分苗缓苗时间等因素。

6. 黄瓜育苗期易出现哪些问题? 如何防止?

黄瓜育苗期经常会由于种子质量、光照等因素,操作过程中管理不当,导致出现出芽慢或不出芽,沤根等现象的发生,严重影响黄瓜产量和经济效益。

(1)黄瓜种子出芽慢或不出芽

①种子质量 如果种子超过 3 年的使用年限,或有变质的种子,由于种子的年限久发芽势和发芽率都会降低;种子的成熟度不一致,或瓜种不同部位成熟度不一致,也是发芽不齐的一个原因。再有就是新采下的种子不经后熟拿来催芽,发芽率很低。

防止措施:选用饱满的新种子,并在浸种前对种子进行阳光晾晒。

②种子处理问题 种子浸种时间过短或过长,都会造成发芽不齐。再一个原因是烫种温度超过 55℃且时间过长,使种子在高温下被烫死造成不发芽。还有就是药剂浸种后,冲洗不净,也会影响发芽;或药剂浸种浓度超过了限制范围,或浸泡超过了时间造成中毒现象而不出芽。

解决方法:掌握好烫种温度和浸种时间,烫种温度要求保持 55℃水温 15 分钟,浸种时间一般 6 小时。药剂浸种浓度和时间不能超过限制范围,药剂浸种后,一定要冲洗干净后再催芽。

③催芽温度和透气性问题　催芽时温度超过了 40℃ 且持续时间过长;将种子放在火边催芽时,造成一边温度高一边温度低受热不均衡;当大量种子装在一个袋内没有及时翻动时,靠中心的透气不好,造成缺氧或发热。

解决方法:掌握好催芽温度,催芽温度要求保持在 28℃ ～30℃。将种子进行催芽时,隔 3～4 小时要转动一次;并对种子进行清洗。

(2)播种后,出苗慢或出苗不整齐　按操作规程进行播种,在水分、温度正常的情况下,3～4 天即可出齐苗。

①出苗慢　主要原因是土壤温度低、床土中化肥浓度过大、土壤干燥等。床土温度在 20℃ 左右,黄瓜 3～4 天出齐苗;土温低时10～15 天才能出齐苗。化肥浓度大时,因种芽幼嫩,破坏了种芽的吸收能力,进而使幼根烂掉。床土干燥,胚根吸收不到水分,而使胚根失水,造成迟迟不能出苗。

解决办法:如果检查种芽没有腐烂,胚根尖端仍为白色,说明还能出苗,可以加温,特别是提高地温。如果土壤干燥,可适当洒20℃ 的温水;如果胚根尖端发黄或腐烂就要重新催芽播种。

②出苗不整齐　主要原因是种子质量不好,发芽势弱,造成出苗时间不一致;或种子催芽时有的未出;盖土厚度不均或播种的深浅不一致;施用未腐熟的有机肥料;或被害虫、老鼠破坏等。

解决方法:对种子进行精选,选用成熟、饱满的种子;覆土厚的将土扒下一部分;对土壤进行消毒,用充分腐熟的有机肥;缺苗的地方,用苗盘中的备用苗进行移栽。

(3)幼苗病弱及"戴帽"　黄瓜种子本身带有病菌,长出的幼苗一般会成为病弱苗。"戴帽"一般是由于播种时盖土太薄或盖土太干引起的。

解决方法:提高种子质量和播种量,可以在定植时淘汰病弱苗。根据种子质量和种子大小要盖 1～1.5 厘米厚的湿土,种子小或饱满度差的盖土适当薄些,相反要适当厚些。幼苗刚出土时,如床土过干,要立即用喷壶喷水保持床土湿润;覆土太薄的地方,可补撒一层湿润细土。出现"戴帽"现象时,可趁早晨湿度大时,先用喷雾器喷水使种皮变软,再人工辅助脱去种皮。

(4)无生长点 在黄瓜育苗过程中,经常会遇到有些幼苗子叶肥大,茎秆粗壮,但仔细一看,就会发现它们没有生长点。这种幼苗因为所有养分都供给子叶和下胚轴,因而使得子叶肥大,茎秆粗壮。无生长点苗的发生,主要原因是萌动的种子播种后遇到干旱,胚芽失水而损坏。

解决方法:选用饱满的新种子,并在浸种前对种子进行晾晒。播种前苗畦要浇足底水,盖土湿润松散。

(5)高脚苗和徒长苗

①**高脚苗** 黄瓜育苗后,刚播种后要求温度比较高(气温 30℃～35℃,地温 18℃～20℃),出苗后应降低地温,特别是苗齐后夜间气温应保持在 15℃左右。如果不降温,3 天内夜温仍保持在 20℃～25℃,幼苗的胚轴可长 10 厘米高,而且细,长成弱苗。此外,播种密度太大,幼苗太拥挤,水分过多也会形成高脚苗。

解决方法:要及时找出发生原因,然后及时补救。如果是夜温高引起的,要逐渐放风降温,不要猛然加大风量,否则容易闪苗。夜间温度降至 15℃以下,对表土实行中耕,然后培土,防止倒伏,促进不定根生长。此外,还可补磷,喷施磷酸二氢钾 300 倍液;也可用高浓度的生长调节剂喷施,起到临时抑制生长的作用。

②**徒长苗** 主要特征是细弱,胚轴高,节间长,叶大而且薄,手摸发软,无刺感,色淡,叶柄细长,子叶早干枯,下部叶片也提早枯黄,出现雌花晚。发生原因,主要是日照不足和温度过高,其实是氮肥和水分过多或通风不良。不及时揭开覆盖物,夜间温度过高,或播种密度大等。

解决方法：出现以上情况，必须使幼苗多见阳光，加强通风换气，降低空气湿度和土壤湿度，减少在玻璃或薄膜上凝聚水珠。经常清除玻璃或薄膜上的灰尘，争取多见阳光，草苫早揭晚盖，延长光照时间。雨天防止雨水进入温室，雨停及时放小风。另外，还可以用缩节胺 800 倍液进行叶面喷洒，控制徒长。

(6)沤根 沤根主要是由于苗床地温长期低于 12℃，加之浇水过量或遇连阴天，光照不足，致使幼苗根系在低温、高湿、缺氧状态下发育不良而造成。

解决方法：采用电热温床提高地温，苗床温度控制在 16℃ 以上。播种时一次浇足底水，整个育苗过程中适当控水，严防床土过湿。发生轻微沤根后，苗床加强覆盖增温。及时松土，促使病苗尽快发出新根。

(7)黄瓜苗出的很快，但突然死去 正常情况下，温室保温效果好，3 天出齐苗。死苗原因是土壤中施了大量的未腐熟的有机肥(如生豆饼、生鸡粪、生花生饼、棉籽饼，甚至生大麻籽捣成浆或未腐熟的大粪等)。

解决办法：首先是施用腐熟的有机肥，如播种后发现以上问题，或用凉水喷洒床土，降低土壤温度，挽救瓜苗。如果苗子死了，就要改变苗床条件，使苗床中的有机肥通过加温加速腐熟，然后再催芽播种。

(8)老化苗 主要特征是茎细、叶小，节间过短，根老化，色暗无光，地上部僵化，生长很慢，结瓜期短，容易早衰。发生原因是苗床长期低温，土壤干燥，而且土壤板结缺肥，苗龄过长，营养不良，特别是控水蹲苗时间过长。

解决方法：用肥沃的营养土育苗，适期播种，加强苗床管理，给幼苗生长以适当的温度和湿度，防止在低温干燥条件下育苗；对幼苗进行适当控、促，但不要让苗龄太长；严格选种，选苗，淘汰病苗，防止病株入棚。

(9)黄瓜苗期叶片薄而且颜色黄绿 黄瓜苗期对温、光、水、肥、气、土等条件要求比较严格。早春温室育苗,气候多变,温室内的小气候环境的好坏,基本上是人为控制。在苗期,温度高、湿度大、放风量小,土壤养分不足,温度不高,根本不放风,或放风量小。以上情况均能引起黄瓜苗的叶片颜色浅,而且叶片薄。总之,是营养不协调,消耗多,光合产物制造少,使植株处于饥饿状态。

解决方法:出现以上情况时,首先要逐渐加大放风量,使温室通风,不仅降低了温度,同时也降低了湿度,并且增加了温室内的二氧化碳,改善了温室内的小气候条件,可增强光合作用。通过降低夜温,减少消耗,然后再通过根外追肥,叶面喷施微量元素、尿素、磷肥或磷酸二氢钾。采取以上措施,可使幼苗叶片颜色变绿,叶片变厚,生长健壮。

7. 日光温室冬春茬黄瓜为什么要进行嫁接育苗?如何确定接穗和砧木的播期?

黄瓜是我国各地日光温室生产的主要蔬菜作物,但由于土地资源等方面的限制,使得黄瓜日光温室越冬生产轮作倒茬困难,连作现象普遍,导致土传性病害严重发生。与此同时,冬季气温低、光照弱、常导致日光温室内环境条件不利于根系活动,使吸收水肥能力下降,再加上越冬栽培生长期长,容易引起根系早衰,通过选择具有与黄瓜接穗亲和力好、根系发达、抗病性及抗逆性强等优点的根系作砧木,与黄瓜进行嫁接换根,则可以有效地克服黄瓜连作障碍,提高其对土传性病害,如枯萎病、疫病等的抗病能力,并可以提高根系对土壤低温逆境的适应性及其肥水吸收能力,从而延长生育期,改善品质,提早成熟,有利于实现丰产的目的。

采用不同的嫁接方法,砧木和接穗的播种时间是不同的。采用顶芽插接法砧木比接穗播种早 3～5 天。最适嫁接苗龄是砧木第一片真叶有手指甲大,黄瓜 2 片子叶刚刚展开。采用靠接法砧木比接穗迟播 3～4 天,最适嫁接苗龄是砧木 2 片子叶展平,真叶黄豆粒大小,接穗黄瓜子叶已经展平,真叶刚刚出现比较合适。

8. 怎样进行黄瓜顶芽插接和靠接育苗?

(1)黄瓜顶芽插接育苗 要求先播种黑籽南瓜后播黄瓜。以黑籽南瓜嫁接黄瓜为例,其具体操作方法如下。

嫁接前,准备好单面刀片和竹签作插接工具,竹签长 20 厘米,粗 0.2～0.3 厘米,先端从两侧用刀削成楔形。

黑籽南瓜浸种催芽后,将营养钵装入配好的营养土并浇透水,然后将种子播入营养钵内,每钵 1 粒,覆土 2 厘米。黑籽南瓜提前 4 天播种,播后保持 25℃～28℃,3 天可出齐苗。出苗后,白天保持 22℃～24℃,夜间 12℃～15℃。当黑籽南瓜子叶肥大、髓部充实时即可嫁接。

黄瓜接穗用育苗盘或大盆装满湿沙或蛭石进行育苗。将黄瓜种子浸种催芽后均匀撒播,株距 3 厘米左右,待子叶展平后即可嫁接。

嫁接一般都在温室或大棚中进行。为防止阳光直射,嫁接场地要适当遮荫。嫁接温度最好保持在 20℃～24℃,嫁接时还要在周围适当洒水,以提高嫁接环境的湿度,减少接穗失水。

嫁接时间根据天气灵活掌握,阴天可全天嫁接,晴天时最好在上午进行。接穗和砧木在夜间和阴天时,蒸腾作用小,含水量相对较高,削口伤流液多,有利于伤口愈合。晴天的下午,幼苗经过上午的蒸腾,含水量相对较少,伤流液也少,成活率相对降低。

在嫁接前 1 天,准备好比较平整的苗床,适当洒水后扣上小拱棚,使棚内空气相对湿度达到 100%,温度控制在 20℃～24℃。用作砧木的黑籽南瓜苗要浇足水,以利于增强植株的活性,提高嫁接后的成活速度。嫁接前半小时,将接穗带根提出,用清水洗掉根部的泥沙,放在干净碗内,加适量的水,使接穗的根部和下胚轴浸泡在水中。这样,既可以保持接穗的水分,又可以增加接穗的含水量。

嫁接步骤:先去掉黑籽南瓜苗的顶芽,用右手捏住竹签,左手拇指、食指捏住砧木下胚轴,使竹签的先端紧贴砧木一片子叶基部的内侧向另一片子叶的下方斜插,插的深度一般为 0.5 厘米,不可穿破表皮,防止接穗以后产生不定根。削黄瓜接穗,插入接穗固定好,使砧木维管束、韧皮部与接穗的相应部位接通。

削接穗时,用左手拇指和无名指捏住黄瓜两片子叶,食指和中指夹住黄瓜苗靠根的部分,将黄瓜下胚轴拉直,右手大拇指和食指捏住刀片,从黄瓜下 0.4~0.6 厘米处入刀,相对两侧各削一刀。刀口一定要平滑。第一刀可以削长一些,第二刀刀口一般控制在 0.5 厘米,将接穗削成楔形。削好的接穗,其刀口的长短、接穗的粗细,一定要与竹签插进砧木的小孔相同,使插后砧木与接穗相吻合。

接穗削好后,随即将竹签从砧木中拔出,插入接穗,并使接穗子叶与南瓜子叶排成十字形。插接穗时不能用力太大,以免破坏接穗的组织结构。接穗插入的深度,以削口与砧木插孔平齐为度。从削接穗到插接穗的整个过程,都要做到稳、准、快。

(2)靠接法 采用靠接法,黄瓜需提前 5 天播种,黄瓜、南瓜均播于育苗盘中。此法优点是接穗与砧木在愈合过程中接穗仍可依靠本身的根系吸收水分,不会因操作不严很快失水干枯。其具体做法如下。

先从苗床中起出砧木苗和接穗苗,用湿布盖好根部。用消毒的刀片或竹签剔去南瓜苗的真叶和生长点,再在子叶下方 0.5~1 厘米处与子叶方向平行的一面,用刀片作 45° 角向下削一刀,深达胚轴的 2/5~1/2,长约 1 厘米。然后取一接穗在接穗子叶下 1.5 厘米处与子叶垂直方向用刀片向上呈 30° 角斜切一刀,深达胚轴的 1/2~2/3,长度与砧木相等。将砧木和接穗的切口相嵌,用手轻轻地捏住接口,不要松动,防止接口错位。用嫁接夹固定接口,接后黄瓜子叶高于南瓜子叶呈十字形。靠接好后,立即把苗栽到营养钵内。栽植时,用左手轻轻地抓住嫁接苗的接口部位,不使接口错位,将根放在钵内,左手抓住将根固定。为便于去掉接穗根系,应使茎、根间距1厘米左右。接口要距营养土面3~4厘米,避免接穗与土壤接触发生不定根。栽好后浇足水,放入苗床中培育。靠接成活以前,砧木和接穗均自带根,各自吸收水分和营养,嫁接初期管理比较方便,接穗不易失水萎蔫,成活率较高,但操作比较繁杂,嫁接速度较慢。

9. 黄瓜嫁接后的苗期管理有哪些?

黄瓜嫁接后的管理是黄瓜高产的一个关键环节,管理上要做好每个细节,把握好以下关键环节。

(1)温湿度的调控

①温度 黄瓜嫁接后伤口愈合的最适温度为25℃~27℃左右。温度过低条件下愈合很慢,影响成活速度。温度过高,易失水萎蔫。嫁接后5天内,白天温度应控制在24℃~26℃,最高不超过27℃;夜间18℃~20℃,最低不低于15℃。嫁接后4~5天,嫁接苗伤口基本愈合,白天温度可降至24℃~25℃,夜间降至12℃~15℃,昼夜温差应保持在10℃左右。

②湿度 嫁接苗栽植要随栽随扣拱棚。嫁接后前2天不能放风,保持湿度是关系到嫁接成败的关键。嫁接后3~5天,小拱棚内空气相对湿度控制在85%~95%;但营养钵内土壤湿度不要过高,以免烂苗。2天后开始通风,起初通风量要小,以后逐渐加大。放风过程中,如发现秧苗萎蔫,应立即关闭风口。4~5天伤口已完全愈合,可加大通风量。

③及时遮荫 嫁接后,要及时遮荫,防止温度过高,湿度过小,嫁接苗不易成活。嫁接后第一天全棚遮荫,第二天开始见光,一般

每天上午 9 时开始遮荫,下午 17 时后揭草苫见弱光。遮荫总的原则是发现秧苗萎蔫立即遮荫。嫁接后 3 天,逐渐减少遮荫时间,7天后可不再遮荫,转入正常管理。

(2)定植时注意事项　定植时要随栽随扣拱棚,以保温增湿,有利于秧苗成活;嫁接夹距地面 4～5 厘米,防止接口沾上泥土;嫁接苗的黄瓜根一般都朝一个方向,以利于以后断根。

(3)南瓜心叶的剔除　嫁接前,南瓜心叶虽已剔除,但在嫁接后,有的南瓜生长点还会长出真叶,应及时摘除,以防消耗养分。

(4)及时断根　嫁接 8～10 天后,黄瓜的第一片真叶已经展开,此时用刀片割断黄瓜苗根部以上的茎,割断位置在嫁接刀口下0.5 厘米处,断根后随手拔出黄瓜根。断根后 5 天左右,黄瓜接穗已长到 4～5 片真叶,就可以定植。

(5)低温锻炼　定植前 5 天,进行低温炼苗,白天温度降至15℃～20℃,夜间降至 12℃左右,经过低温锻炼的幼苗,其抗寒能力大大增强。

(6)晚盖地膜　定植缓苗后不要急于覆盖地膜,避免茎蔓旺长。宜在缓苗后 15 天进行,以利于促进根系深扎,形成壮棵。

10. 黄瓜穴盘苗砧木断根嫁接育苗有哪些技术要点?

(1)基质材料　目前穴盘育苗的常见基质材料为草炭、蛭石、珍珠岩、有机肥等,国内已推荐出不同季节不同作物的基质配方。现介绍一种基质配方,草炭∶蛭石∶珍珠岩∶腐熟有机肥=2∶2∶1∶1,另外还需加入一定量的复合肥。再加入 10 克多菌灵可湿性粉剂,用喷壶喷上一些水,用铁锨将这些物质搅拌均匀至以手握成团、撒手后散开的程度时再将这些拌好的基质装入育苗盘中备用。

(2)砧木和接穗的选择　适于嫁接黄瓜的砧木很多,如我国云南黑籽南瓜、白籽南瓜、丝瓜、瓠瓜、葫芦等,但多数种类对黄瓜品质影响较大,且亲和性差。根据各地近几年试验证明,黑籽南瓜、白籽南瓜、日本杂交南瓜等抗病力强、耐低温、与黄瓜亲和性良好，嫁接后能使黄瓜早熟、丰产，并对黄瓜的品质无影响。

选择接穗，首先要考虑对保护地环境的适应性，一般以耐低温弱光、早熟性强、品质好、抗叶部病害的丰产品种为最好。

(3)种子处理及播种 砧木种子播前先用55℃~60℃的水浸种20分钟，同时要不停搅拌，直到水温降至25℃~30℃后再浸泡8~10小时捞出用布搓净，放在28℃~30℃条件下催芽，大约72小时，种子露白后即可播种。黄瓜种子播前用55℃~60℃的水浸种，并冲净种子表面的黏液，最后用干净湿布包起，放在28℃~30℃条件下催芽，大约24小时，种子露白后即可播种。

砧木种子选用50厘米×50厘米的育苗方盘进行播种，即在盘中先铺3~5厘米厚的基质，压实后播砧木种子，种子方向一致，大约每盘播种200粒。再用消毒过的蛭石覆盖1.5厘米左右，充分浇水后放在28℃~30℃的温室或催芽室内催芽。黄瓜种子在砧木子叶平展时浸种消毒，浸泡后用同样的方法先铺3~5厘米厚的基质，压实后播黄瓜种子，基质覆盖2厘米左右，充分浇水后放在28℃~30℃的温室或催芽室内催芽。

(4)嫁接前苗床管理 砧木齐苗前蛭石不宜干燥，嫁接前1天或2天适当降温控水。促进下胚轴硬化，黄瓜苗的基质不宜过干，齐苗后要充分见光。嫁接前要做好病虫害的防治，一般齐苗后和嫁接前1天各喷1次70%百菌清可湿性粉剂800倍液，或霜霉威600倍液，进行苗期病害的预防。

(5)嫁接及扦插 嫁接时期以播种后13~15天为宜(以砧木第一片真叶展开)。黄瓜播种后10~12天为宜(子叶平展，第一片真叶微露时)。砧木在嫁接前1天抹去生长点。嫁接前1天的下午砧木和黄瓜的基质要浇透水，使植株吸足水分。扦插前，成苗区的苗床基质应做好消毒工作，并提前1小时预热。固定一个人工割取砧木和黄瓜苗。

具体嫁接方法:砧木从子叶下 5～6 厘米处平切断,黄瓜苗可靠底部随意割下,每次割下的砧木和接穗不宜过多。嫁接时用专用嫁接签从砧木上部垂直子叶方向向下插入,在 30°～45°角之间,深度为 0.5 厘米,以不露表皮为宜,插入后取出嫁接签。黄瓜苗在子叶下顺着茎秆方向正反两面各平切一刀,不宜太厚,在 0.5 厘米处再斜切一刀,迅速插入砧木,要插紧。嫁接后放在湿润的容器内保湿待扦插。

扦插前将扦插基质装入 72 孔育苗穴盘,浇透水后扦插嫁接苗,扦插深度 2～3 厘米。扦插手法及用力要适度,以免折损茎部,扦插后立即放入成活区的苗床内,并做好标签,记录嫁接和扦插日期。

(6)嫁接苗期的管理

①保温　嫁接后伤口愈合的适宜温度为 25℃左右。在早春嫁接时气温尚低,床温受气候影响很大,接口在低温条件下愈合很慢,影响成活速度。因此,幼苗嫁接后应立即放入拱棚内,秧苗排满一段后,及时将薄膜的四周压严,以利保温、保湿。苗床温度的控制,一般嫁接后 3～5 天内,白天保持 24℃～26℃,不超过 27℃;夜间 18℃～20℃,不低于 15℃。3～5 天后,开始通风,并逐渐降低温度;白天可降至 22℃～24℃,夜间降至 12℃～15℃。

②保湿　如果嫁接苗床的空气湿度比较低,接穗易失水引起凋萎,会严重影响嫁接苗成活率。因此,保持湿度是关系到嫁接成败的关键。嫁接后 3～5 天内,小拱棚内空气相对湿度控制在 85％～95％;但营养钵内土壤湿度不要过高,以免烂苗。

③遮光　在棚外覆盖稀疏的苇帘或遮阳网,避免阳光直接照射秧苗而引起接穗凋萎,夜间还起保温作用。在温度较低的条件下,应适当多见光,以促进伤口愈合;温度过高时适当遮光。一般嫁接后 2～3 天,可在早晚揭除草帘以接受弱的散射光,中午前后覆盖遮光。以后逐渐增加见光时间,1 周后可不再遮光。

④通风　嫁接后 3～5 天、嫁接苗开始生长时可开始通风。初始通风口要小,以后逐渐增大,通风时间可逐渐延长,一般 9～10 天即可进行大通风。开始通风后,应注意观察苗情,发现萎蔫,及时遮荫喷水,停止通风,避免因通风过急或时间过长而造成损失。

(7)及时去掉砧木侧芽　砧木切除生长点后,会促进不定芽的萌发,侧芽的萌发会与接穗争夺养分,因而直接影响到接穗的成活。为此,应及时除去子叶节所形成的不定芽。在嫁接后 7 天开始进行,2～3 天 1 次。

(8)种苗质量标准及出圃前管理　黄瓜嫁接苗龄 25～35 天,具有 2 或 3 片真叶,叶片翠绿、肥大,根系已盘根,秧苗从穴盘拔起时不会散坨,须根白色,植株高度在 7～10 厘米,出圃前 5～7 天要降低温度 2℃～3℃,并且要控水,提高成活率。

(9)病虫害控制　同黄瓜直播苗。

11. 培育壮苗对产量及商品性有哪些影响?

壮苗是丰产的基础,壮苗具有较高的光合能力和净同化率,从而达到早熟和优质高产的目的。首先表现在抗病性强,抗逆性好,生长势强,叶色深绿有光泽,根系发达,定植后缓苗快,节间短粗,叶片大而厚,吸收同化能力强。形成瓜胎多,成瓜率高,瓜色鲜亮,商品性好。其次壮苗体内干物质含量高,营养充足,花芽形成早而发育好。前期产量和总产量高,畸形瓜率低,化瓜少,不易受病菌侵染。尤其是糖分含量高,增强了植株的抗寒性。瓜条表面无病斑,品质脆甜。

12. 黄瓜缺少氮、磷、钾、钙、镁各有什么主要症状?应采取什么补救措施?

(1)缺氮或氮过剩　黄瓜生长发育受阻碍,植株瘦弱,茎淡绿色,严重缺氮时叶绿素分解,先从下部叶片开始变黄,然后到上部叶变黄、变小,子叶及下部叶枯死,而花显得较大,瓜条变短,变瘦,色淡或灰绿色,并且多刺,结瓜少且畸形瓜多,并呈淡黄色,尖嘴瓜多。氮肥过多使植株浓绿,生长黄瓜减少,中下部叶卷曲,叶柄稍微下垂,叶脉间有明显的斑点,或斑点在叶缘相结合,瓜条比正常的小。

补救措施:增施充分腐熟的有机肥,在沤制堆肥时要加入适量的氮素,可以提高地力。在低温季节,追施硝态氮效果好,在沙土或沙壤地里适当多追氮素肥料。在大棚黄瓜的生长结瓜期发现缺氮症状,可及时追肥,并同时进行叶面喷施 0.5%～1% 的尿素溶液。

(2)缺磷 黄瓜幼苗叶呈深绿色,叶小而硬,叶稍微向上挺,定植后生长缓慢,植株矮小,严重缺磷时,幼叶变小,稍微向上挺,下部叶枯死脱落,质硬,叶色深绿、矮化。果实晚熟。

补救措施:土壤中全磷含量在 30 毫克/千克以下时除了施用磷肥外,预先要改良土壤。土壤含磷量在 150 毫克/千克以下时,施用磷肥的效果是明显的。黄瓜在苗期的根系发育、花芽分化,特别需要磷,所以营养土平均增施 2% 的过磷酸钙。在基肥中多施有机肥,同时和磷肥(过磷酸钙、钙镁磷)一起沤制。苗期需磷较多,症状出现后叶面喷洒 0.2% 磷酸二氢钾溶液,或结合浇水每 667 米^2 再施 5～10 千克磷酸二铵。

(3)缺钾 生长缓慢、节间短、叶片小,黄瓜生长早期叶缘出现轻微的黄化,然后是叶脉间黄化,顺序很明显。生育中、后期叶脉间失绿更明显,并向叶片中部扩展。随后叶缘脱水干枯,而叶脉则可保持一段时间的绿色。症状的出现是由植株基部发展到顶部,老叶受害最重。瓜条稍短膨大不良。

补救措施:施用充足的堆厩肥等有机肥料作为基肥,生育中、后期不断追施钾肥,根据植株对钾的吸收量是吸收氮量的 50%,用硫酸钾追肥平均每 667 米^2 每次追 3～4.5 千克。苗期和采收期可间隔喷洒磷酸二氢钾、绿亨天宝、颗粒丰等营养素,协调养分的平衡吸收。

(4)缺钙 最幼小的叶片边缘及叶脉之间出现浅色斑点,多数叶片叶脉间失绿,植株矮小节间短,尤其是植株顶端的节间更短。幼叶长不大,叶缘缺刻深并向上卷曲,较老的叶片向下卷曲。遇长时间连续低温、日照不足、急剧晴天,高温,生长点附近的叶片叶缘卷曲枯死。正常花较小、淡黄,瓜条小有沟,味很淡。

补救措施:施用肥料时,不宜将氮和钾一次施用过多;经常注意适量灌溉,避免土壤中肥料浓度过大,影响对钙的吸收。根据土壤诊断,如缺钙,可在土壤中施石灰,但一定要施入土壤深层;黄瓜生长过程中缺钙,可用 0.3%氯化钙溶液进行叶面喷施,每周 2 次。

(5)缺镁 黄瓜缺镁时,生育期提前,果实开始膨大并进入盛期的时候,下部叶的表面异常,老叶功能降低,叶脉间的绿色渐渐黄化,进一步发展,除了叶缘残留点绿色外,叶脉间均黄化;生育后期,除只有叶脉、叶缘残留点绿色外,其他部位全部黄白色;当上部叶输送不上养分时,也会发生缺镁症,叶片上发现明显的绿环。缺镁症与缺钾症很相似,区别在于缺镁是叶内侧失绿,缺钾是叶缘开始失绿。

补救措施:根据测定土壤肥料含量,如缺镁,在定植前施入镁肥;注意氮、钾肥不要过量;土壤中钾、钙的施用要合理,保持土壤适当的盐基平衡。用 1%~2%的硫酸镁溶液喷洒叶面,每周 1~2 次。

13. 黄瓜缺少铁、锌、硼、硫、锰、铜各有什么主要症状? 应采取什么补救措施?

(1)缺铁 在幼嫩的叶片上有绿色叶脉与黄色叶肉组织构成网纹,但植株生长正常。叶片呈柠檬黄色至白色,进一步失绿扩展到叶脉,受害叶的叶缘上出现坏死,与缺锰相比,主要区别是最幼嫩的叶受害最重,症状是从植株顶部到基部,侧蔓及瓜条都呈柠檬黄色。

补救措施:测定土壤 pH 值应在 6~6.5,防止土壤呈碱性,加强土壤水分管理,防止土壤干燥和过湿。当发现黄瓜植株缺铁时,用硫酸亚铁 0.1%~0.5%水溶液或柠檬酸铁 100 毫克/千克溶液喷洒叶面,还可用螯合铁盐 50 毫克/千克溶液,每株 100 毫升施入土壤。

(2)缺锌 由中部叶片开始褪色,但叶脉清晰可见,叶缘从黄化至褐色,逐渐枯死,叶片向外侧稍微卷曲。生长点不黄化,但生长点附近的节间缩短。缺锌症与缺钾症类似,叶片黄化。缺钾是叶缘先呈黄化,渐渐向内发展,而缺锌,全叶黄化,渐渐向叶缘发展。二者的区别是黄化的先后顺序不同。

补救措施:耕翻土地时,每 667 米^2 施硫酸亚铁 1.2 千克,土壤不能施磷过量。还可以用硫酸锌 0.1%~0.2%溶液喷洒作物叶面。

(3)缺硼 主要表现在上部靠近生长点附近的节间显著地缩短,上部叶向外侧卷曲,叶缘部分变褐色,叶脉有萎缩现象,其症状与缺钙相类似。但缺钙叶脉间黄化,而缺硼叶脉间不黄化。植株生长缓慢,正在膨大的瓜条畸形,瓜条上有污点,果实表皮出现木质化,有时带有纵向的白色条纹。

补救措施:注意施用硼肥,基肥每 667 米^2 施硼砂 1.5~2 千克,叶面喷洒 0.1%~0.2%硼砂溶液,每隔 4~5 天 1 次,连喷2~3 次。多施有机肥,防止施用石灰质肥和钾肥的过量,经常注意浇水,防止土壤干燥。

(4)缺硫 植株生长矮小,叶片小,特别是幼叶长得更小,叶向下卷曲,呈淡绿色至黄叶。与缺氮植株相比老叶黄化最不明显,幼叶叶缘锯齿很明显。

补救措施:在施肥时,增施硫酸铵、过磷酸钙、硫酸钾等肥料。

(5)缺锰 植株顶部及中部叶片上发生黄色的叶脉间花斑。开始最小的叶脉仍保持绿色,以后除主脉外叶肉变黄色至黄白色,在叶脉间形成凹陷的坏死斑,老叶片最先枯死。

补救措施:增施石灰质肥料,可提高土壤 pH 值,从而降低锰的溶解度;注意灌溉时防止土壤过湿,避免土壤溶液处于还原状态。

(6)缺铜 多发生在黏重和富含有机质的土壤中。主要症状是植株节间短,全株呈丛生状,幼叶小,老叶脉间出现失绿现象。失绿是从老叶向幼叶发展。

补救措施:可每 667 米² 施硫酸铜 1～2 千克,也可叶面喷施 0.1%硫酸铜溶液来防治。

14. 深翻土地有什么好处? 怎样对黄瓜地进行深翻?

栽培黄瓜地块经过深翻分层施肥的,植株生长健壮,抗病性增强,产量明显增加。深耕改善了土壤的物理状况,增加了土壤通气与透水性;改善了土壤的理化性质,增加了土壤养分含量。由于深耕改善了土壤的物理状况,增加了土壤中的好气性微生物的活动能力,就加速了土壤中有机质与矿物质的转化,从而增加了土壤中可供根系吸收利用的养分含量。据有关试验数据显示,深耕后氮、磷含量明显增加。深耕加厚了熟化土层,为作物生长创造了良好条件,为根系的伸展扩大了范围,增加了根量及吸收面积。深耕还有利于消灭杂草和减轻病害。

深翻要遵循一定的原则,能收到良好效果。深翻深度一般以30～50 厘米为宜。这样的深度,能发挥增产作用。各种土壤通过深翻,都可起到加厚熟土层的效果。深翻与施肥相结合,最好是分层施肥,按粗肥在下、细肥在上的原则,达到土肥充分混合。

在露地大面积深耕时,可采用大型拖拉机挂深耕犁。犁耙结合 1 次完成。若小面积种植,前犁翻垡后,后边在犁沟内紧跟再犁。这样,一般可达 40 厘米,并可结合分层施肥。在保护地内可采取人工深翻的方法。一般铁锹翻 20 厘米,可采用不乱土层,结合分层施肥的 2 次翻法,即先在靠地一头用铁锹先开一条 70 厘米宽的沟,把第一层土先堆在沟边。清底后,在下面施入基肥,再翻一铁锹,并使土肥混匀,接着把第二行表土翻入第一行沟内,再清底施肥,深翻后,把第三行表土翻入第二行沟内。以此类推,一直翻到另一头,最后把第一沟原来翻出的表土,填到最后一沟内。把剩余的另一半肥料,撒在表层再重新翻一遍,耙平即可种植。深度可达 40 厘米以上。

15. 怎样进行中耕? 中耕有什么好处?

黄瓜从定植到采收根瓜,这段时期要进行深中耕,一般深锄 10~15 厘米,连续中耕 3~5 次,疏松土壤,增加土壤的通透性,争取在土中贮存太阳光热,并通过控制土壤湿度提高地温,给根系发育创造一个合适的环境,促使根壮苗肥,为黄瓜早熟、高产打下基础。以后每浇 1 次水后中耕 1 次,中耕深度为 3~5 厘米,直到拉秧前 10 天停止中耕。中耕能切断土壤中的毛细管,使土壤下层的水分不易散失,增强土壤的保水性;同时,加速土壤表面的水分蒸发。减少空气中的相对湿度,避免病害的发生。如果进行秋延后栽培,7 月份可进行深中耕,第一次深 5 厘米,隔 7 天 1 次,可加深到 10 厘米,切断部分毛细根,有利于根系下扎,形成新的根群,同时土壤深层温度偏低,有利于秋后发秧结瓜。

16. 种植黄瓜为什么要多施有机肥?

黄瓜陆续结瓜时间较长,产瓜量高,需要各种营养元素不断地适量供应。增施有机肥料作基肥,还可增强抗病性,达到丰产目的。土壤有机质是土壤肥力的物质基础。它主要来源于动物和微生物残体,即施入土中的有机肥及作物残留根茬。有机质所含的有机养分齐全,既能改善土壤的理化性状,又不断分解释放各种营养元素,及时供应黄瓜需用,还培养地力,有很强的保肥性。从而使黄瓜的根系发达,植株生长健壮。所以,要根据黄瓜高产栽培的需肥量和需肥规律,重施有机肥作基肥,并重视各个生育阶段的及时追肥。黄瓜的施肥原则应是基肥追肥并重,在施足基肥的基础上,结合采收多次追肥,基肥以优质充分腐熟的农家肥为主,每667 米^2 用腐熟禽畜粪肥 5 000~10 000 千克,或无害化处理的腐熟堆肥 4 000~6 000 千克、过磷酸钙 25~50 千克,亦可用复合肥 15~25 千克。2/3 结合整地撒施,1/3 沟施;磷肥全部用作基肥,钾肥 2/3 作基肥,氮肥 1/3 作基肥,其余的用于追肥。根据黄瓜生育期长短及生育状况,按照平衡施肥原则,适时追施氮肥和钾肥;同时,根据实际需要,喷施微量元素肥料及叶面肥,以防早衰和营养失调症状的发生。黄瓜开花前吸收养分的量很少,仅占生长期总吸收量的 10%,而结果期却吸收大量养分,占生长期吸肥总量的 80%以上。

17. 高垄栽培有什么好处? 怎样做垄?

高垄栽培,不论是露地还是保护地,都是目前黄瓜栽培中广泛应用的一种种植方式。高垄栽培使黄瓜根系所处的土层加厚,通气性增强,利于根系生长发育。高垄种植浇水,是水经过沟内通过沟底和垄的侧面渗进土层的,垄上不过水。因此,垄面土壤不板结,能经常保持疏松状态,利于保墒、透气。浇水时流水不直接浸根及茎部,减轻了病菌传播机会。遇涝时,水能及时通过沟排走,减轻涝害。垄植黄瓜行间立体空间大,有利于通风排湿,减轻病害发生。垄面受光面积大,利于温度的提高,适宜黄瓜的早熟栽培。

做垄前先要对土地进行普施基肥,深耕细耙,整平后可按要求行距进行打线。若进行露地生产早熟栽培,宽窄行要求平均行距为 70 厘米,可按宽行 80 厘米,窄行 60 厘米踩线,然后用锄切住窄行线的外侧两边向内提土,即成 13～15 厘米高、60 厘米宽的垄、80 厘米宽的沟。垄做成后可用耙子顺垄搂一遍,整平、整细,即可按株距栽苗。黄瓜需肥量大,在大量施入草粪、厩肥等有机肥的基础上,如果在起垄时,垄底埋入一定量的充分腐熟细肥,效果更好。

18. 怎样合理施肥可以提高黄瓜生产的商品性?

在黄瓜种植中要做到合理施肥,有效提高黄瓜生产商品性,应在不同土壤条件和不同季节,确定不同的施肥量。首先做好苗期施肥,因为苗期施肥是培育壮苗的关键,是黄瓜丰产的基础。一般苗期施肥是结合床土配制进行的。取葱蒜类茬或未种过蔬菜的熟土 4 份,充分腐熟的鸡粪或猪粪 3 份,腐熟的马粪或草粪 3 份,分别过细筛。每立方米掺加三元复合肥 500 克,硫酸钾 500 克,磷酸二铵 250 克,50% 多菌灵可湿性粉剂 60 克,与土混匀。将营养土填入苗床,整平拍实,灌透底水即可播种。保护地定植黄瓜必须重施基肥。基肥应以充分腐熟的优质有机肥料为主。根据目前保护地土壤肥力和种植黄瓜的需肥量,最好通过测土确定施肥量,以确保菜园土有机质含量为 3%～5%,全氮含量在 0.2%,速效氮含量在 200 毫克/千克以上,速效磷 150～200 毫克/千克,速效钾 300 毫克/千克左右。若无条件测土施肥时,一般肥力条件下,1 个 50 米长的冬暖大棚,1 次施入基肥量应为优质鸡粪 6～8 米³(每立方米鸡粪重 600～800 千克),若用其他肥料,要求其含肥量与 6～8 米³ 鸡粪相当。

冬暖大棚黄瓜(12 月下旬至翌年 2 月上旬)的肥水管理。冬暖大棚黄瓜在寒冷阶段以加强保温透光为中心,在"高温养瓜"的前提下,以肥水调温。黄瓜定植前 7～10 天,地下埋设马粪、鸡粪和麦秸、稻草等混合而成的酿热物,提高棚内气温和地温的效果很明显。进入结果期可以补充肥水,但应根据天气、墒情、植株长势等确定浇水和施肥量。此期耗水量大,对水分供应不足有明显反应,故当土壤表层见干应及时浇水。当根系伸长、瓜柄颜色转绿时,开始追肥浇水。此时植株由营养生长向生殖生长过渡,应及时追肥灌水。一般每 667 米² 施尿素或磷酸二铵 15～20 千克,暗沟随水冲肥。天气逐渐变暖阶段(2 月中旬至 4 月中下旬)的肥水管理。随着天气转暖,日照时数和强度不断增加,黄瓜很快进入盛果期,也是黄瓜的高产期,需肥量也达到高峰期。必须及时追肥浇水。每次追肥数量应视土质和植株长势而定,不能盲目滥用化肥。根据土壤中的有效养分含量的多少确定施肥量。如果高肥力地块,某种养分的含量较高,就可以在施用时减少这种肥料的用量;反之,就要增加其用量。根据黄瓜在达到一定产量指标时,需要吸收各种养分的数量确定施肥量,在正常情况下,蔬菜从土壤中吸收的养分,需要通过及时施肥来补充。黄瓜每 667 米² 产 5 000 千克,它需要的氮为 8.5 千克,钾 16.5 千克;黄瓜每 667 米² 产 4 000 千克,它所需要的氮为 9.5 千克,磷 3 千克,钾 14 千克。因此,为保证黄瓜的优质、高产和商品性好,必须通过施肥来满足它们对养分浓度的要求。根据不同条件下肥料的利用率来确定施肥量,在生产中,所施肥料的有效成分不能全部被蔬菜吸收和利用。所以,确定施肥量时,要分析在不同条件下使用的不同肥料的利用率。但是,必须注意,不同的肥料和土壤,对肥料的利用有一定的影响。各种磷肥的有效成分易被土壤固定,利用率为20％～30％;速效氮肥有效成分的利用率一般为 50％～80％;速效钾肥的有效成分的利用率为 40％～70％。保肥性能好的重壤土,肥料利用率较高;反之,保肥性能差的沙土地,肥料的利用率较低。

19. 不良的施肥技术会给黄瓜带来哪些危害?

不良的施肥技术会给黄瓜带来以下方面危害。

(1)施用不充分腐熟的有机肥 施用不充分腐熟的有机肥不

仅不能及时补充黄瓜所需的养分,还与黄瓜争肥,并出现烧根现象。另外,一些以有机质为生和寄生在植物组织内的害虫和病菌、病毒等,常常随施肥被带入田间,当外界条件适宜时,开始活动,危害黄瓜。因此,在施用有机肥时一定要经过高温堆沤充分发酵腐熟。

(2)重施化肥,轻施有机肥 要获得黄瓜高产,有机肥和化肥要合理施用。有机肥在土壤中积累可形成土壤养分库,能长时期供给黄瓜矿质养分、有机养分和二氧化碳,培肥土壤,提高土壤中多种养分的含量,改善土壤理化性质,防止土壤板结,提高土壤解毒的效果,净化土壤环境等,因此有机肥施用量不能少。化肥的施用要根据黄瓜的需求量,在各个生长期中分批施入,有利于养分的有效利用和防止一次过量施用造成养分流失、污染水源和恶化土壤环境等。

(3)黄瓜生育期间任意施用氮肥 黄瓜生育期间对氮素的需要量最大,氮肥的施入,在短时间内增加了土壤中氮肥的浓度,植株吸收量增加,氮肥过多会影响其他营养元素的吸收,导致缺素症的发生和黄瓜产量、商品性的降低。所以,整个生育期间应均衡施用氮肥。

(4)忽视微肥施用 有机肥的施用虽然补充了土壤养分,增加了土壤中的微量元素,但在目前耕地不断重复连作,远不能满足黄瓜生长的需要,尤其是氮肥,在整个生育期中施入量最大。因此,在黄瓜整个生育期中,要注重配方施肥,最好是采取测土配方施肥和叶面喷施补充微量元素肥料。

(5)尿素撒施后立即浇水 尿素易溶于水,施入土壤后要经过分解才能转化为碳酸氢铵,被黄瓜吸收利用。撒施后立即浇水,易使尿素随水流失,降低肥效。所以,在施用时根据黄瓜生长发育阶段对肥水的需求,提前追施、深施,可提高肥料利用率。

(6)钙镁磷肥在碱性土壤上作基肥 钙镁磷肥不溶于水,在弱酸性条件下才能逐步转化为水溶性磷酸盐被作物根系吸收。而在碱性土壤上施用,黄瓜幼苗期间易造成缺磷。

(7)过磷酸钙作追肥 磷在土壤中移动性小,移动范围在 1～3 厘米之间,所以地表撒施起不到补充磷元素的作用。

20. 土壤水分过大或干旱对黄瓜商品性有什么影响?

在露地栽培条件下,水分蒸发量大,浇水次数多。浇水的目的不仅是补充增加土壤含水量,同时还起到提高空气湿度、改善田间小气候的作用,有利于授粉受精,使果实均匀膨大,夏季还能起到降温的作用,因此应该小水勤浇、少量多次的原则。在保护地栽培条件下,采用膜下灌溉,控制室内湿度,以减轻灰霉病、黑星病等病害的发生。黄瓜不同生长发育阶段需水量不同,种子要求有足量的水分;幼苗时应适当控制水分,以防沤根。以后随着植株生长,需水量逐渐增多。尤其是结果期,生殖生长和营养生长同步进行,必须满足水分供应以防出现畸形瓜或化瓜。若土壤水分过大,黄瓜容易沤根、徒长及引起黄瓜灰霉病、菌核病等病害,造成化瓜或病瓜,影响黄瓜品质;或土壤过于干旱,黄瓜容易形成苦味瓜,并产生大头瓜、细腰瓜、弯曲瓜和尖嘴瓜,影响黄瓜商品性和经济效益。

21. 黄瓜肥料施用方式有哪些?

黄瓜肥料施用方式有:基肥、土壤追肥、叶面喷肥和二氧化碳施肥。

基肥: 在中等肥力水平下,每 667 米² 可撒施优质腐熟的农家肥(猪粪、鸡粪、圈肥等)7 000～8 000 千克,深翻 40 厘米。沟施过磷酸钙 30 千克或磷酸二铵 20 千克,尿素 10 千克,硫酸钾 20～30千克,封闭温室升温烤棚几天后,浇足底水再定植。

土壤追肥: 黄瓜追肥应前轻后重。结果初期以复合肥为主,结果后期以氮肥为主,少量多次。轻施提苗肥,定植苗在结束蹲苗后,随浇水第一次追施提苗肥,以氮肥为主,一般追施人粪尿 50 千克,或者尿素 10 千克。进入盛瓜期后多次施肥,一般隔水追 1 次肥。每 667 米² 追施尿素 10 千克或稀粪水 400 千克。

叶面喷肥:结果后期或当植株生长势衰弱时,应及时进行叶面追肥。保护地叶面追肥浓度低于露地。喷洒次数和间隔期与缺素种类和程度有关,移动性差的元素间隔期短,喷洒次数相对较多。

二氧化碳施肥:二氧化碳是光合作用的三大要素之一,据测定,植物从根部吸收的养料,转化的产量仅占总产量的 5%～10%,而通过光合作用由二氧化碳转化成的产量占总产量的 90%以上。大气中二氧化碳的浓度是 300 微升/升,黄瓜正常光合作用所需要空气的二氧化碳浓度是 1 000～3 000 微升/升,试验证明:二氧化碳浓度达到了 300 微升/升,黄瓜正常光合速度就下降,到 60 微升/升时光合速度为 0,棚室内夜间,由植株呼吸和土壤中有机肥料分解释放的二氧化碳浓度可达 450 微升/升,到中午因光合作用吸收,二氧化碳浓度逐渐降至 85 微升/升,远远不能满足黄瓜正常光合作用的要求,尤其是黄瓜的结果初期,对二氧化碳的吸收急剧增加,所以说棚室中施用气肥增加二氧化碳浓度对提高植株的光合速度有着特殊的意义。

根据试验表明,黄瓜施用二氧化碳气肥,能增强抗病能力,提高气温,增产幅度可达 37%～72.7%。

22. 黄瓜各生长期怎样进行追肥?

黄瓜陆续结瓜时间较长,需要各种营养元素不断地适量追肥来满足黄瓜生长发育需要。要根据黄瓜高产栽培的需肥量和需肥规律,并重视各个生育阶段及时追肥。黄瓜追肥主要是氮肥或复合肥。根据栽培季节不同,根据情况可酌情追施。黄瓜栽培第一次追肥在根瓜坐稳时进行,每 667 米² 追施尿素 10～15 千克。进入盛瓜期后多次施肥,一般隔水追 1 次肥。每 667 米² 追施尿素 10 千克或稀粪水 400 千克。保护地大棚栽培在结瓜前期应控制浇水和追肥,但根瓜坐住后 3～5 天浇 1 次小水,并增施磷、钾肥或磷酸二氢钾叶面肥,根瓜采收后追肥 1 次,进入盛瓜期多次进行追肥,每 10～15 天追肥 1 次,以复合肥为主。日光温室冬春栽培和越冬栽培养分消耗大,要重施基肥,根据黄瓜不同生长阶段对肥水的需要,加强肥水管理。定植到采收前应通过控制肥水,防止植株旺长,促进根系生长;开花后到盛瓜期应勤施少施,少量多次的原则,加强肥水管理。追肥以氮、磷、钾复合肥为主,中后期可以进行叶面施肥,喷洒 0.3%～0.5% 尿素或磷酸二氢钾溶液,可延长采收期。特别注意严冬季节,防止浇水过多,降低地温,注意增施二氧化碳气肥,以利于黄瓜植株生长。

23. 叶面喷肥有什么优点? 怎样进行叶面喷肥?

叶面喷肥是农作物进行根外追肥的一个重要措施,特别是微量元素肥料的施用和对进入成熟期作物追肥,更是具有十分重要的意义。进行叶面喷施,具有用量少、针对性强、见效吸收快、利用率高、成本低廉等优点。叶面喷肥时注意以下几点。

(1)喷洒浓度要适当 叶面追肥要控制好喷洒浓度,以不发生药害为原则。

(2)喷洒时间要适宜 叶面追肥最好在晴天傍晚或雨后晴天进行。在有露水的早晨喷肥,会降低施肥效果。雨天或雨前也不能进行叶面施肥,因为养分易随雨水流失。当叶片上无露珠,气温 18℃～20℃(气孔全部张开,有利于吸收,避开中午高温期),空气相对湿度 50℃～80% 时适宜喷洒。

(3)喷洒时期要有针对性 根据植株各个生长时期所需要的养分而选用相应的肥料,有针对性地补给。苗期、开花期各喷 1 次。盛瓜期出现缺素症时,一般间隔 10～15 天喷 1 次,最好连喷

2～3次。也可根据缺素症状的轻重,确定喷洒次数和喷洒间隔期。苗期浓度可低,成株期可高。

(4)喷洒方式要讲究 因肥料多通过叶片气孔吸收进入植物体内,叶片气孔主要在叶背,所以要正反兼顾。雾点要细,同时喷量不要太大,以叶片不滴水为好。喷洒要均匀细致。叶面追肥次数一般不应少于3次。一般情况下,营养元素在植株内的移动性强弱顺序是:氮、磷、钾、镁移动性较强,氯和硫能移动,锌、铜、锰、铁、钼能部分移动,硼和钙不移动。对于移动性强的元素可整株喷洒,喷后见效快,喷施次数可少些;对于在植株内移动性稍差的元素,可喷整株或偏重喷洒新叶,喷施次数可增加;对于不移动的元素应重点喷洒新叶和嫩叶,并适当增加喷施次数。

(5)肥料品种要适宜 常用的叶面肥品种如尿素、磷酸二氢钾等,这些肥料具有性状稳定,不损伤叶片。另外,发现缺素症应喷用含相应元素的叶面肥。一般喷洒的是复合微量元素肥料,也可叶面喷洒氨基酸肥料、牛奶、黄腐酸等保秧健壮,延迟衰老,对提高产量和果实品质,有良好的效果。

24. 大棚春提早黄瓜如何育苗?

大棚春提早栽培黄瓜生长前期时值早春,外界气温低、光照较弱。因此,应选用耐低温弱光、适应性强、早熟、丰产、抗病的品种。目前应用较多的是津杂1号、东方优秀、津优一号等。可采用营养土方或营养钵育苗技术,在土传病害发生严重而调茬困难的大棚生产中可采用嫁接育苗,以培育优质壮苗。

春提早栽培黄瓜育苗从播种至出苗前,温度应保持在25℃～30℃。黄瓜出苗后,一般不浇水,防止浇水降低地温。幼苗开始出土,直到子叶展平期,白天温度为20℃,夜间12℃～15℃。防止夜间温度过高形成徒长苗。当第一片真叶出现后应稍提高温度,白天为25℃～28℃,夜间15℃～16℃。在移栽前10天应适当降低苗床温度进行低温锻炼。白天 20℃左右,夜间 12℃~14℃。定植前 3 天,苗床温度继续降低,白天 16℃~20℃,夜间 8℃~10℃,以此来提高秧苗的抗寒性和适应能力,保证移栽的成活率。黄瓜苗期要控制浇水次数,但要保持土壤湿润,促进发新根,培育壮苗。干旱需浇水时,应在晴天上午进行,水量宜小,浇水后及时通风,降低空气湿度。在施足基肥情况下,不必追肥。

25. 如何通过放风来控制春黄瓜幼苗的徒长?

控制黄瓜幼苗徒长的最主要措施是控制好温度,而温度的调控取决于放风技术及加大昼夜温差,培育壮苗。放风控温技术有:

(1)放顶风 冷床的床面扣小拱棚,棚高 50 厘米,覆盖薄膜用两幅烙合而成,每米留 30 厘米不烙合,以用于防顶风。当室内温度偏高,可以从顶部放风,使秧苗生长整齐。

(2)顺风放风 放顶风以后,随着外界温度的升高床温也会升高,当只靠放顶风床温降不下来时,可在背风一侧支起薄膜,使床内外进行气体交流,但注意冷风不能进入床内。

(3)放对流风 放风后秧苗适应能力增强,可以放对流风,由冷床两侧支起放风口,但应注意两侧放风口要错开。

(4)大放风 放过几次对流风后秧苗得到进一步锻炼,当外界白天温度已达到秧苗生长要求,可在白天把薄膜全部掀开,在定植前 5~7 天已过霜冻期,夜间不用覆盖薄膜,进行大放风。但要注意夜温的变化,以防遭受冻害。

26. 大棚春提早黄瓜怎样定植?

春大棚的地块,必须在冬前进行深翻整地施肥,每 667 米² 撒施优质圈肥 4~5 米³,过磷酸钙 100 千克作基肥,然后深翻晒垡,定植前 1 个月扣棚。定植前 10~15 天做畦,在畦内每 667 米² 施用充分发酵好的鸡粪或人粪尿 1 000 千克,再施用天诺正地丹或菌线威防治地下害虫和土传病害。将肥、药、土混合均匀,做高垄。垄宽 1.3 米,每垄栽 2 行,使小行距 40～50 厘米,大行距 80 厘米,便于田间管理。株距 25～30 厘米,每 667 米² 定植 2 800～3 200 余株。挖穴水稳苗,水渗下后覆土封穴。最好采用微孔软管铺设在两行黄瓜之间,畦上覆盖地膜,采用膜下滴灌的方法。这样,既能使植株得到水分,又不至于因浇大水而突然降低地温;既节约用水,又能降低棚内湿度,对防治病害有利。

27. 怎样进行大棚春提早黄瓜栽培管理?

(1)温、湿度管理 大棚黄瓜定植后,因前期低温,后期炎热,温度管理是成败的关键,黄瓜是喜温作物,生长适温为 25℃～28℃,5℃ 以下生长受阻,35℃ 以上不利于瓜条生长。所以,前期重点是保温,后期要采取措施降温。当秧苗定植后要进行闷棚增温,保持棚内高温高湿,白天使棚温保持在 30℃～32℃,7 天后即可缓苗,然后使棚温降至 25℃～28℃,地温 20℃ 左右,防止茎叶徒长,促进根系伸展,夜间保持 13℃～15℃,减少呼吸,降低消耗。

黄瓜进入结瓜盛期,当棚温高于 28℃ 时就要通风降温,到了夜温高于 15℃ 时,拉起草苫,需要加大放风量,使大棚保持较大的昼夜温差,有助于壮秧增产,当外界夜温达到 15℃ 时,可以昼夜通风。温度再高,可以考虑覆盖遮阳网,夜间浇井水降温,以延长收获期。

(2)肥水管理 因黄瓜叶面积大,蒸腾作用强,充足的水分供应是夺取高产的因素之一,但在缓苗后一般不要浇水,到第一瓜坐住后要及时浇水,促进根系发育。结瓜初期 5～7 天浇 1 次水,保持土壤相对湿度 75%～80% 之间;结瓜盛期,随着茎叶的旺盛生长,天气的转暖,需水量不断增加,要求 2～3 天浇 1 次水。在连续阴雨天后,骤然晴天的早上,要进行叶面喷水,防止因叶片蒸腾量突然增加,根部吸水供不应求,造成植株萎蔫,影响产量。黄瓜追肥要结合浇水进行。第一次追肥要在根瓜采收前进行,以氮素化肥为主,每 667 米² 追尿素 5 千克。15 天后进行第二次追肥,氮、钾肥配合施用,每 667 米² 施尿素 10～15 千克,硫酸钾 10 千克,也可以与饼肥水、人粪尿交替施用,做到每隔 1 次水追肥 1 次。

为了提高前期产量也可以增施二氧化碳气肥。

(3)植株调整 幼苗长到 6～7 片叶后,就应在棚内吊绳,每隔 3～4 叶绕蔓 1 次,并注意使高度不一植株的秧头保持在一个水平面上,防止以高欺低,保持平衡生长。结合每次绑蔓,顺手将黄瓜的雄花和卷须及下部的侧蔓一并去掉。当黄瓜主蔓长到架顶或棚顶时,采取打顶攻侧蔓萌发或落蔓的办法,继续增加采瓜条数。同时,要将下部 50 天以上的老叶和病叶摘除,以利于通风透光和减少病害的蔓延。

(4)采收 在前期低温弱光的情况下,必须将根瓜及早摘掉,保证植株旺盛生长,才能获取较大的产量。中部的瓜有了较多营养的供应,生长速度加快,瓜条商品性也好。此后可以 1～2 天采摘 1 次,采收应在清晨进行,以保持黄瓜在鲜嫩状态销售。

28. 大棚秋延后黄瓜如何育苗?

大棚黄瓜秋延后栽培中,前期温度高,后期温度低,所以选用的品种要耐热抗寒、生长势强、抗病力强。品种主要有:津杂 1 号、津杂 2 号、津研 7 号等。

此茬栽培黄瓜可采用直播法。在扣棚前直播,节省育苗移栽的用工,所以土传病害较轻,秧苗生长势旺。但是遇到高温多雨天气,往往出现缺苗断垄和幼苗徒长现象。育苗移栽法便于集中遮雨、遮荫管理,秧苗健壮,根系发达,节省用种;缺点是移栽用工多,易伤根,引发土传病害的发生,可酌情选用。

露地直播:种子处理及整地施肥与秋冬茬相同,整平地面后,按大行距 70 厘米,小行距 50 厘米,高畦或起垄栽培;播种前 2～3

天浇透水,开沟 3 厘米深,将催好芽的种子按 25 厘米株距点播,每穴播种 2～3 粒,播后覆土 1.5 厘米;若遇上雨天,需提前盖草防止土壤板结,影响出苗。一般 3 天后即可出苗,待出现 2 片真叶后定苗。

育苗移栽:育苗方法与秋冬茬基本相同,苗床上面加盖遮光率为 50% 的遮阳网和塑料布(塑料布在有雨时酌情使用),加强肥水管理,待苗龄 20 天左右、出现 2～3 片真叶时,选凉爽天气移栽,定植密度与直播相同即可。

29. 大棚秋延后黄瓜怎样定植?

定植前 10～15 天清除前茬的残枝落叶和杂草。如果大棚已扣上塑料薄膜时可密闭薄膜,用硫磺粉进行 1 次熏蒸消毒。每 667 米^2 施 4～5 米^3 腐熟的有机肥,深翻细耙,做成宽 1.2 米的平畦,或 60 厘米行距的小高垄。定植时,把苗起成土坨。尽量防止伤根。苗坨按株行距摆入定植沟中,培土稳坨,然后浇水。定植最好在早上或傍晚进行,或在阴天进行,防止阳光照射,温度过高,影响成活率。每 667 米^2 栽 3 000～3 500 株,株距为 30 厘米,采用宽窄行距。

30. 怎样进行大棚秋延后黄瓜栽培管理?

(1)适时定植 大棚秋延后直播的黄瓜,在出苗后立即细致松土。真叶展开后间苗,2 片真叶时定苗,发现缺苗、病苗、弱苗时,应挖密处的健苗补栽。

(2)喷乙烯利 直播的黄瓜因苗期温度高,易发生徒长现象。因此在 2 片真叶展开后,喷 100～150 毫克/千克乙烯利溶液 1 次。在 4 片真叶时再喷溶液 1 次。在午后 15～16 时喷,喷后要及时浇水。育苗移栽的秧苗,苗期喷过乙烯利,定植后就不必再喷了。

(3)温度和湿度管理 前期外界还是高温、强光天气,不利于黄瓜的正常生长发育。最好在棚室骨架上覆盖遮阳网,每天早、晚和阴雨天敞开,高温炎热的中午覆盖。到黄瓜进入结瓜盛期的9月中下旬至10月上旬时,自然温度比较适应黄瓜的正常生长,应去掉遮阳网。进入10月上中旬气温开始下降,当月平均气温下降至20℃、夜间最低温度低于15℃时就要及时扣棚。在覆盖棚膜前先喷药防霜霉病,覆膜初期不要盖严。根据气温变化合理通风,调节棚内温度:白天保持25℃～30℃,夜间13℃～15℃;当棚内温度降至10℃以下后,可采取落架管理,在棚内加盖小拱棚,延长结瓜期;到夜温降至5℃时,黄瓜不再生长,可全部拉秧。

(4)肥水管理 定植后因高温多雨,必须注意防止小苗徒长,控制浇水,少施氮肥,增施磷、钾肥,使植株壮而不旺,土壤保持见干见湿。当植株达到20厘米左右时,追1次有机肥,结合浇水每667米^{2}施用豆饼100千克或发酵好的鸡粪500千克;随后插架或吊绳。进入10月份后气温渐低,黄瓜进入盛瓜中后期必须保证肥水供应,每5～10天追1次复合肥,每667米^{2}每次追肥15千克左右,直到11月上旬。

(5)植株调整 前期注意上架和绑蔓,除掉下部侧枝,摘除雄花和卷须;后期可利用侧枝结果增加产量。当植株高度接近棚顶时,可采取打顶,促进侧枝萌发,当主蔓瓜码少、侧枝出现雌花后,再留2叶摘心,培育回头瓜。

(6)采收 注意及早摘除根瓜和下部侧枝防止坠秧,影响植株和上部瓜的正常生长。前期光照、温度有助于黄瓜的生长,为了获取较多的产量,每1～2天采收1次,到后期天气转冷,温度低,光照弱,产量低,但随着露地黄瓜的断市,秋延后黄瓜价格逐渐提高,所以采收黄瓜也可逐渐拖延,发挥延后栽培的优势,提高经济效益。

31. 如何进行露地春黄瓜苗期的环境管理?

(1)温度 育苗期间正值低温季节,应据幼苗不同时期对温度要求进行温度管理。应注意苗床地温的变化,因为育苗期内的地温高低对黄瓜种子的发芽出土及幼苗生长发育密切相关。黄瓜幼苗适宜的地温为出苗前白天 25℃,夜间 20℃,出苗后白天 22℃,夜间 18℃。在育苗过程中,地温受气温的影响,当苗床内最低气温为 10℃时,10 厘米地温可维持在 12℃~13℃及以上。保持黄瓜育苗所需适宜地温,还需采用土壤加温措施。注意育苗后期的幼苗锻炼工作,提高幼苗抗寒能力,适应定植后的环境条件。到后期注意通风降温,防止烤苗和闪苗。

(2)光照 光照是育苗成功的关键,早春日照较短,光照较弱,对培育壮苗不利,所以说争取较多的光照时间非常重要。在保证秧苗不受冻害的前提下,对草苫尽量早揭晚盖。

(3)水分 苗期肥水管理较为简单,在配制好营养土的前提下,一般不会缺肥,若发现秧苗较弱时,可采取叶面追肥的办法,喷洒 0.1%的尿素或绿亨天宝、天诺喷冲宝 1~2 次即可。充足的水分是培育壮苗和促进花芽分化的重要因素,一般播种后前 10 天不会缺水,后期要进行补水,但要防止大水漫灌,以免造成寒根和沤根。最好是选晴天上午用喷壶喷淋 20℃以上的温水。

32. 露地春黄瓜定植前怎样进行秧苗锻炼?

露地春黄瓜通常于当地终霜过后,地温稳定在 12℃以上,最好是 15℃以上,才能定植。为了使秧苗适应不良的外界环境条件,就必须进行秧苗锻炼,对提高秧苗的抗逆能力,适应不良的环境条件,是不可缺少的重要技术环节。其主要方法是:定植前 15 天开始分阶段进行。通过秧苗锻炼,可进一步控制幼苗生长,促进根系和花芽发育,提高幼苗对不良环境条件的适应能力。为了进一步控制幼苗生长,通常在黄瓜定植前 3 天采取起苗、囤苗的方法,以控制其生长,促进新根发生。起苗前应给苗畦灌透水。翌日进行割坨起苗,起苗时应保证苗坨不裂不散,囤苗时应囤平、囤齐。囤满一畦应用细土填缝,以防漏风干根。

33. 露地春黄瓜怎样进行整地、施基肥?

露地春黄瓜一般在冬前翻耕,开春后复耕,耕深 25～30 厘米,并结合翻耕施用基肥,为夺取黄瓜高产创造一个疏松肥沃的土壤环境条件。黄瓜光合效率高,生长速度快,需要有充足的养分。要求在定植前 10～15 天结合耕翻土地,每 667 米^2 施腐熟的优质圈肥 1 万千克以上,氮、磷、钾复合肥 75 千克作基肥施用。使肥料与土壤充分混合改善土壤物理性状,以增加土壤微生物,提高土壤温度,改善土壤物理性状,提高黄瓜产量应尽量多施有机肥。有机肥的施用方法,有的全部普施后耕地翻入土内;有的大部分普施,留下少部分定植前结合整地做畦集中条施于沟内,在施有机肥的基础上每 667 米^2 施复合肥 40 千克。

露地春黄瓜做畦方式有低畦、高畦等几种形式,做畦规格依具体行距而定。高畦和垄作常与地膜覆盖结合进行。地膜覆盖者应注意在做畦前造好底墒,促进幼苗生长。

34. 露地春黄瓜怎样定植? 定植后应采取哪些保护措施?

黄瓜是喜温蔬菜,根据黄瓜对温度的要求,一定要在当地终霜过后,地温稳定在 12℃以上,最好是 15℃以上,才能定植。露地春黄瓜应在不遭受霜冻的前提下尽量提早定植,以提高前期产量和延长采收期。定植前先做间距 1.2 米的垄,一垄双行,株距 25 厘米,这个密度即能提高光能利用率又便于管理,充分发挥个体和群体的生产潜力,提高经济效益。当然还要根据土壤肥力、品种特性、生长期的长短等情况适当调整。定植方法一般分为明水栽和暗水栽两种。明水栽即在畦面按株距挖穴,将苗栽入后浇水。暗水栽即先开沟晒土,栽时一般顺沟施入部分基肥,与土混合后顺沟放水,待水渗到一定程度时将瓜苗土坨大部分坐入泥水中,使根土密结。黄瓜定植要浅,有利于黄瓜缓苗、发棵。

35. 露地春黄瓜定植后怎样进行肥水管理?

在定植时浇透水的情况下,前期吸水量较少,不需浇水。在根瓜坐住后,可以结合第一次促秧肥,每 667 米^2 追尿素 8～10 千克,浇 1 次催果水,保证秧苗和果实同步生长。根瓜采收后,瓜秧逐渐旺盛,瓜码增多,需肥水量也呈上升趋势,可采用顺水追肥的方式。在随着温度增高,蒸腾量加大原则上每 3～5 天浇 1 次水,每隔 1 次水,追肥 1 次。春露地黄瓜在中等肥力的土地上,整个生长期每 667 米^2 追施尿素 80 千克,过磷酸钙 20 千克,硫酸钾 60 千克。黄瓜生育后期也应不断追肥,防止瓜秧早衰。为了科学施肥,可进行测土配方施肥。应根据各地土壤类型、肥力等条件的不同,进行合理施肥。为了获得较高的产量,防止植株脱肥,可以叶面喷洒天诺喷冲宝、绿亨天宝等叶面肥料。

36. 露地春黄瓜进入结瓜后期为什么要进行根外追肥?

黄瓜进入结瓜后期,根系不断老化,吸收养分能力降低,产量和品质降低,其抗病能力也降低。同时,根还要从土壤中吸收大量营养,才能满足黄瓜需要。为了保证黄瓜叶片对营养的需求,在生产中常常采用叶面喷肥的方法,以补充对氮、磷、钾、钙、镁、铁、锌、硼等元素的需求,这种方法俗称根外追肥,采用此方法增产效果显著,一般增产幅度在 10% 以上。喷施氮、磷、钾三大要素可使黄瓜叶片浓绿,植株生长健壮,延长黄瓜采收期,同时也增加了黄瓜的抗病能力,起到增产增收的作用。喷施微量元素可以迅速缓解黄瓜由于缺少微量元素而造成的各种症状。

37. 露地春黄瓜怎样进行植株调整?

露地春黄瓜植株调整包括搭架绑蔓、整枝打杈、摘心摘叶去卷须等内容。

露地黄瓜多采用竹竿搭架,架竿一般需长 2 米以上,在瓜秧高度达 30～40 厘米时,即需用竹竿搭"人"字形架,每株一竿,插在畦埂内侧两株黄瓜之间,防止伤根。用尼龙绳或稻草将瓜蔓绑缚在竹竿上,每间隔 3～4 片叶绑 1 次。为了降低植株的高度,可采用"S"形绑架,尽量使黄瓜秧头在一个水平面上,防止以高欺矮。并注意将下部的侧枝摘除,以保留主蔓瓜为主,到后期可以打顶,促使侧枝生长以获得更多的回头瓜,每侧枝只留 1 条瓜,当侧枝出现雌花后留 2 片叶打顶。在管理过程中随时将雄花和卷须除掉,对 50 天以上的老叶和带菌的病残叶要及时摘除并清除出园,以增加通风透光和预防病害的蔓延。

38. 怎样进行春黄瓜的田间植株诊断?

健壮植株的黄瓜茎、叶、花等各个器官生长良好。若这些器官表现异常,尤其是卷须和雄花,它们的生长状态变化,可较明显地反映出黄瓜植株此时的生长状态。

(1)茎和叶 植株茎部粗短适度,叶片中等,叶色绿有光泽,为生长势比较适中而强健的表现;过长、过短或过粗、过细,表明营养生长过盛、徒长或过弱、老化象征。

(2)卷须 健壮植株新长出的卷须粗大,呈 45°角伸展,是正常状态。若呈弧状下垂,是水分不足的表现,卷须直立是水分多的表现;卷须细而短,表示植株营养不良。先端卷起,说明植株已经老化。卷须先端变黄,说明植株此时抗病性较弱,易感染病害,应喷洒保护性药剂防病。若卷须与茎的夹角小于 45°,则是植株徒长的表现。

(3)花的长相 健壮植株分化的雌花鲜黄,生育旺盛,向下开放,表明植株生长势旺盛;反之雌花淡黄,短小,弯曲,横向开放,甚至向上开放,表明生长势衰弱。健壮植株分化的雄花鲜黄,生育旺盛,向下开放,表明植株生长势旺盛;若新开的雄花,花冠畸形,表明土壤含水量低,应浇水;若新开的雄花,花冠发白,表明植株生长势较弱,有机营养不足,应及时补充营养。开花节位距植株顶部距离大于 50 厘米,是徒长的表现;开花节位距植株顶部距离小于 40 厘米,是生长势衰弱的表现,其原因可能是水肥供应不足,或温度过高、过低等,应正确分析原因,采取相应措施加以补救。

(4)果实的长相 健壮植株的黄瓜果实顺直,但在不适应的环境或不当的管理条件下,会发生畸形瓜或化瓜。

39. 露地夏秋黄瓜遇到干旱或播种后遭雨怎么办?

夏秋露地黄瓜栽培,受天气影响很大,尤其是采用直播方式播种,赶上天旱无雨,土壤墒情不好,无法播种,有时播种时遇到干旱,底墒不好,出芽后,不能出土,芽吊干而死。解决办法是:播种时遇到干旱应浇足底水,浸种催芽播种。有时刚播种完就降雨,使土壤板结、出芽困难,严重时不能出苗,可在表土干湿合适时用小钉耙划松垄面,可保证出苗整齐。有时遇到雨涝天可采取播后盖沙,防止土壤板结、出苗困难。

40. 提高露地夏秋黄瓜商品性的栽培技术要点有哪些?

夏季露地黄瓜,5~6 月份直播,7~9 月份上市;秋季露地黄瓜,7 月中下旬直播,8~10 月份上市,整个生产周期均在露地进行。在结瓜期间正处于高温多雨季节,在栽培管理上应做好以下5 点。

(1)品种选择 根据季节特点应选用耐热、耐湿、抗病性强的品种。如郑黄 3 号、金春四季、津优 40 等是夏、秋露地栽培的优良品种，并且瓜条商品性较好。

(2)整地做畦与播种 每 667 米² 施优质圈肥 5 000～8 000 千克作基肥，耕翻耙平田土，然后做高畦，有利于夏季排涝。每 667 米² 用饼肥 100 千克、过磷酸钙 50 千克条施，按 1.2 米做畦，畦面宽 55 厘米，两畦之间宽 65 厘米，畦高 12～15 厘米，然后浇水，待水渗下后按株距 25 厘米在畦面两边水线处，点播 2 粒种芽，覆土后搂平。

催芽后播种应避开阳光直射时间，在一天的早晚或阴天播种，防止将种芽晒伤。也可采用干籽随时直播。

(3)田间管理 夏季温度高，出苗快，一般 2～3 天即可出苗。若出苗前遇上雨水，要注意松土，让秧苗顺利出土；或播种后地上盖草，可防止雨后土壤板结。幼苗出土后，于傍晚将盖草清除，保证幼苗健壮生长。

(4)肥水管理 夏、秋露地气温高，土壤水分蒸发快，黄瓜植株蒸腾作用大，所以应注意增加浇水次数，最好在早、晚浇井水，以便于降低地温，保证根系的正常发育，在下过热雨后要及时排水，并立即用井水浇灌，这叫"涝浇园"，可迅速降低地温。因为夏季浇水次数多，降雨多，在追肥上应以速效肥为主，做到多次少量，防止养分流失。

(5)其他管理工作 出苗后，地表温度常达 30℃以上，而黄瓜生长适宜地温 23℃～25℃，为了降低地温，可以采取覆草措施。试验证明，用麦秸覆盖地面，10 厘米地温能降低 1℃～2℃，还可防止土壤板结，减少松土用工。若有条件可覆盖防虫网，既能遮光降温，又能防治地上各种害虫，实现无公害栽培。此外，夏季温度高、湿度大，还要注意霜霉病、疫病和土传病害的发生和防治。

41. 日光温室早春茬黄瓜怎样根据温度变化合理进行黄瓜栽培管理?

与日光温室冬春茬的管理相同。温度管理的特点是定植后到成活这一阶段,以提高室温为主,不通风。缓苗以后当白天气温升高到 25℃时要通风。通风的原则是:风口由小到大,通风时间由短到长,随着气温的上升每天的初通风时间要逐渐提前,进入 4 月份以后,室内温度在白天上升很快,因此在晴天上午 10 时左右,就要通风,风口逐渐扩大,千万不能在中午温度最高时猛通风,以防闪苗,日光温室在春季通风时间不能离人,如有大风要及时关闭放风口。早春茬黄瓜采收时期,主要在 4～6 月份,前期根瓜要及时采收,以防坠秧,影响植株生长,进入采收期以后肥水要充足,以保证瓜条生长对肥水的需要。

42. 日光温室越冬茬黄瓜怎样进行整地和施基肥?

温室越冬茬黄瓜生长期长,整地前应施足基肥。基肥种类应以有机肥为主,如腐熟牛粪、鸡粪等。另外,为提高肥效,也可适量施用磷酸二铵等化学肥料。一般情况下,烘干鸡粪施用量每 667 米^2 为 4 000～5 000 千克。无论施用哪种有机肥作基肥,均需注意的是,肥料施用前必须充分腐熟。通过腐熟一方面可以杀灭有机肥中的病虫源及杂草种子,另一方面还可以避免施入土壤后进一步发酵、分解,导致土壤局部温度过高或氨气挥发而使黄瓜幼苗烧根或烧苗等。

基肥施用后必须将土壤深翻 40 厘米,一方面是由于基肥施用量大,通过深翻,可以使肥料与土壤充分混拌,避免出现烧苗、烧根等问题,通过深翻还可以保证土壤疏松、透气,为嫁接苗根系生长创造良好的土壤环境条件。为便于冬季日光温室浇水和降低空气湿度,改平畦栽培为垄栽或沟栽,一般沟深 30～35 厘米即可。垄栽,一般垄高 20～25 厘米即可。这样,见光面大,利于地温的提高;根际土壤的透气性好,利于生根,可提高植株的抗病抗逆能力。栽培畦宽 1.4 米,每畦定植 2 行。通过将垄畦上两小垄及小沟进行地膜覆盖,有利于降低土壤水分蒸发和提高根际土壤温度,又有利于冬季灌溉。

43. 如何确保日光温室越冬茬黄瓜定植后快速缓苗?

要提前闭棚提温。此茬黄瓜一般不换棚膜,但要注意在定植前 10 天左右就应关闭放风口,提前提高棚内的温度,以气温促地温回升。

黄瓜定植不宜过深。定植深度以幼苗土坨土面与畦面相平为宜,因为黄瓜根系主要分布在 15～20 厘米深的土层中,若定植过深,容易造成根系呼吸困难,不利于生根,还易导致心叶发黄。此外,为促使冬黄瓜快速缓苗,定植时不要采用先定植再灌水的定植方法,以避免黄瓜定植后浇水造成地温降低,根难发缓苗难情况的发生。所以应采用先开沟浇水、再定植封沟的定植方法,以保证适宜黄瓜生长的地温,一般黄瓜根系发育的最适地温在 18℃～20℃。

合理调控好温、湿度。黄瓜缓苗后需要保温保湿。适宜黄瓜白天生长的温度是 23℃～28℃,而冬黄瓜定植时气温已较低,所以为确保黄瓜定植后温度适宜,应采取措施提高棚温,尤其在定植后 2～3 天要尽量提高温度,保持湿度,一般上午棚温高达 31℃时小放风,尽量使棚内温度达到 25℃～30℃,以利于黄瓜快速缓苗。另外,不要忽视了夜温管理,夜间温度在 12℃～15℃时有利于黄瓜生长。此外,及时覆盖地膜,冬季地温较低,一般在定植后 5 天左右,就应覆盖地膜。

44. 日光温室越冬茬黄瓜定植缓苗后为什么要进行蹲苗?

日光温室越冬茬黄瓜定植缓苗后到 5 或 6 片叶开始伸蔓前仍处于幼苗期。茎蔓伸长标志着幼苗的结束,直到 12 或 13 片叶,蔓高 1 米左右第一条黄瓜坐住就进入初花期,此时花芽继续分化,花数不断增加,是为结果期打基础的时期。缓苗后应以促根控秧(蹲苗)为主,适当控制地上部生长,以促进根系的扩展。因为进入结果期以后,根系分配到的同化物越来越少,如果前期不能形成强大的根系,后期生长缓慢,势必影响整个植株的发育。

45. 日光温室越冬茬黄瓜怎样进行植株调整?

日光温室越冬茬黄瓜植株调整包括吊蔓与落蔓、打杈与疏叶等。

(1)吊蔓与落蔓 温室黄瓜一般采用吊蔓,当黄瓜植株 5～6 片叶时就应及时吊蔓,以后每隔 3～4 片叶绕蔓 1 次,并注意对高株采取弯曲绕蔓,使"龙头"顶部处在一个水平面上,防止高株遮光以强欺弱,发现雄花和卷须,随时去掉减少养分消耗。在结瓜中后期逐步注意摘除病叶和 50 天以上的老叶,以改变通风透光条件,提高光合效率和减轻病害的蔓延。留瓜以主蔓为主,瓜码过多要进行疏瓜,防止养分分散,造成膨瓜速度慢或化瓜;瓜码少时,对中、上部长出的侧枝,可留 1 个雌花,雌花以上留 2 片真叶摘心;若侧枝 3 片叶内无雌花,应及早将侧枝打掉,防止叶片过多造成郁闭。当"龙头"距棚顶 30 厘米时,要进行落蔓,将下部茎蔓盘绕在垄面上,使株高保持 1.5 米左右,功能叶保留 20～25 片比较理想。

落蔓的方法一般是先将降到地面上的老叶和瓜全部摘掉,并运出温室外。然后将吊蔓绳的底部解开,让蔓自由缓慢下降,当龙头达到设定高度后用绳系住。

（2）打杈与疏叶　为保持植株长势,日光温室越冬茬黄瓜一般不保留侧枝生长和结瓜。当侧枝出现后,应及时进行摘除。冬季及生长后期,对于植株下部的病、老、黄叶应及时摘除。

46. 日光温室越冬茬黄瓜怎样根据温度变化合理进行管理?

越冬茬黄瓜管理的原则是在保证温度要求的前提下尽量增加通风量、增加光照强度、延长光照时间,同时又要结合考虑黄瓜不同生长阶段的生长特点及外界环境状况而进行综合调控。

黄瓜生长最适温度以白天 25℃～30℃、夜间 14℃～18℃ 为宜,并力争白天适宜温度时间保持在 4 小时左右。当晚秋及早春外界环境条件适宜时,温室环境调控相对容易,草苫可早揭晚盖,并及时通风。晴好天气时,只要揭苫后不至于造成温室内温度大幅下降,早晨应及时揭苫。下午草苫覆盖时间可根据室内夜间温度状况加以确定。温室内白天温度基本上均能达到 25℃ 以上,但覆盖草苫后,温室处于完全散热状态,很容易导致夜间室内温度难以达到相应要求。为此,生产上可以通过提高白天室内气温、草苫晚揭早盖、室外加盖薄膜等措施来提高温室夜间保温能力。

室内温度的调控还应综合考虑黄瓜不同生长阶段的生长发育特点及外界气候状况加以考虑。定植初期,黄瓜尚未进入果实旺盛发育阶段,而从天气状况看,外界光照强、温度高、很容易导致植株徒长,因此生产管理的主要任务是防止室内温度过高,可以通过加大通风量及延长通风时间,适当提早揭苫和推迟盖苫等措施而加以实现,而进入翌年春季后,尽管黄瓜已经处于结瓜盛期,但由于外界光温条件逐渐改善,温室环境的调控仍将以通风、降温、降湿为主要目标。

47. 日光温室越冬茬黄瓜冬季灌水为什么采取膜下暗灌的方法？

膜下暗灌是指越冬茬黄瓜从第一年11月份至翌年2月份,在地膜覆盖两垄黄瓜中间支起地膜进行灌水的方法,称为膜下暗灌。地膜覆盖具有较强的保水能力,采用膜下暗灌,从定植到缓苗,土壤含水量为25％,缓苗到结果初期含水量为20％左右,而这时处于蹲苗期,基本不浇水。因此,地膜具有较强的保水能力。同时地膜覆盖,减少水分蒸发,降低温室内的空气湿度,对减少病害的发生有很大作用。在冬季采用膜下灌水,有利于提高地温,始终保持土壤疏松,透气性好,有利于根系的生长,为丰产打下基础。

48. 日光温室越冬茬黄瓜怎样揭盖草苫？

越冬茬黄瓜温度调控主要通过揭盖草苫的时间早晚和通风来实现的。草苫应在保证温度的前提下早揭晚盖,以阳光照到温室前屋面、拉起草苫后室内温度不降低或稍微降低为准。在晴好天气时,天气特别冷时,可早揭早盖草苫,但最早不得早于下午15时。阴雨雪天气,也要尽量揭开草苫,大风雪天气揭开草苫后室温明显下降时可不揭开草苫,但中午也要短时间揭开草苫,并随揭随放,让黄瓜见一见散射光。连续阴天,即使是室内温度下降也要揭开草苫,中午要放风半小时。下午根据情况提前盖上草苫,连续阴天突然转晴时,切不要猛然全部拉开草苫,防止黄瓜秧见光萎蔫,应陆续间隔拉苫,中午阳光太强时再将草苫盖上,阳光稍弱时再揭开,使黄瓜逐渐见光适应。

49. 保护地棚室黄瓜怎样预防风害？

(1)注意收听天气预报 对近期数天内会出现的大风天气要提前预防。

(2)经常性对棚室进行全面检查,排除风害隐患 一是检查压膜线,对松动的压膜线应重新拉紧;对已经老化的或断裂的压膜线,应及时更换。二是检查棚膜是否有破损处,若有破损,应及早修补好。

(3)要重点对棚室后坡草苫进行固定 用浮膜来覆盖草苫,需固定大棚后坡的草苫。具体操作:选1根6号的钢丝,扯在棚室后坡草苫边内20厘米处,两边固定在东西山墙下的坠石上,然后用紧线机拉紧。后者在棚室后坡上每隔10米,用石头固定好的钢条压住,防止钢条变松后,草苫被风吹走。

(4)设大风防风"后盖" 在棚室的后坡处设一块长与浮膜同长,宽约1米的薄膜,以东西长设置顶部,把这块棚膜的一边用土盖严,压实。在放下草苫,覆盖浮膜后,再用这块薄膜把浮膜盖上,能防北风吹入浮膜内,避免把浮膜鼓坏。

50. 日光温室冬季栽培黄瓜遇连续阴雪天骤晴如何管理?

日光温室冬季栽培黄瓜遇连续阴雪天骤晴,应特别注意做好以下4方面的工作。

(1)阴雪天揭苫管理 阴雪天气揭苫后室内温度有所降低,但温室也应揭苫,只是草苫可以适当晚揭早盖,以便让黄瓜接受散射光。尤其是有限的光合产物对于维持黄瓜植株度过逆境条件具有重要作用。

(2)适当进行叶面喷肥 连阴天条件下,不仅室内气温低,同时土壤温度也相应下降,使根系吸收肥水能力变差。为减轻逆境危害,可以通过叶面喷肥方法,增加地上部养分供应从而提高植株长势及抗逆能力。可以喷施0.3%~0.5%磷酸二氢钾、蔗糖溶液等。

(3)千方百计增加光照 连阴天时,于温室内每10米左右的距离增挂一盏 100 瓦左右的灯泡,或在室内栽培床的北侧张挂反光幕,也可以有效减轻逆境危害。

(4)久阴乍晴后及时回苫 当天气转晴后,经常会出现整株叶片萎蔫枯死现象。主要是因为连阴天不仅气温低,更重要的是土壤温度也会很低,一般降至 14℃ 以下。因为土壤容积热容量大,而空气的容积热容量小,晴天后土壤温度上升慢。一旦天气突然转晴,晴天后,室温上升快,植株叶片蒸腾作用加强,但根系却由于土壤温度低、吸水困难而难以满足叶片蒸腾失水突然增多的需求,因而导致叶片因失水过多而枯死。因此,天气久阴乍晴时,温室揭花苫,喷温水防闪秧,早上拉苫时,要隔一苫,拉一苫,以利于后面操作。当室内温度升高至 20℃～25℃ 时,应逐步将1/3～1/2 的草苫重新覆盖到前屋面,以利于土壤温度的逐渐回升。

51. 日光温室冬季栽培黄瓜遇到阴雨、阴雪天如何管理?

一是若提前知道有雨雪天气,在雨雪天气来临之前 2 天,要严查大棚墙体、门、薄膜缝隙,对大棚做全方位检查,以确保大棚蔬菜能安全过冬,并要停止浇水,还要注意收看天气预报。

二是在雨雪天气来临前 1 天晚上放完草苫后,要及时覆盖薄膜,防止雨雪打湿和草苫被刮翻。为了保证棚内温度不降低,放下的草苫要拖到地下半米左右,以免造成棚内前脸处的蔬菜发生冻害。

三是对于保温性不好(墙体薄)的大棚,在冬季可顺着大棚后墙排玉米秸秆,可起到保温的作用,要注意大棚门口要关闭严实。也可以用塑料薄膜挂在立柱上或棉帘挂在门口,防止冷风吹入棚室内。

四是雨雪过后,要立即清扫棚室上的积雪。揭开覆膜,阴天要适当早揭晚盖草苫,给蔬菜增加散光照,进行光合作用。如果全天阴天,可在上午 10～11 时揭开草苫,下午 14 时左右放草苫。另外,阴天中午也需放风半小时,以排出棚内的湿气。

52. 越冬茬黄瓜瓜把为什么特别长? 如何防治?

越冬茬黄瓜瓜把特别长,严重影响黄瓜商品性。主要原因有以下几方面:氮、钾用量不协调,造成植株营养不良。如果黄瓜把又长又粗,说明土壤中氮、钾肥料均不足;如果黄瓜把又长又细,说明氮肥施用过量,而钾肥则不足。所以,生产中,在施足腐熟有机肥的基础上,氮、磷、钾肥按 5∶2∶6 的比例施用,及时追肥和喷施叶面肥,做到施肥平衡,保证植株对营养的需要。

植株旺长。导致营养消耗过多,而白天光照不足,光合作用积累的产物不足,长此以往,极易形成长把瓜。所以,要想调节瓜条长势,首先要解决植株旺长现象。可及时喷洒矮壮素 1 500 倍液加以调节。

蘸花药中加入赤霉素的量过大。一般 500 毫升水中加入 0.5 毫升赤霉素即可,加入的量过大,极易出现长把瓜。另外,长把瓜的发生与蘸瓜方式有关。为了减少长把瓜的发生,可以采用蘸半个瓜或只蘸黄瓜花的蘸瓜方式。

53. 提高越冬茬黄瓜商品性的栽培技术要点是什么?

(1)品种选择　该茬黄瓜正处在较长时间的低温弱光的环境之中,应选用耐低温弱光、早熟、抗病、优质高产的黄瓜品种。如东方优秀、津绿 3 号、津优 30 等品种,尤其是津优 30 耐低温弱光能力突出。

(2)播种育苗　越冬茬栽培一般在 9 月下旬至 10 月上旬播种,11 月上中旬定植,12 月下旬开始采收,翌年 6 月份拉秧。该茬黄瓜是在一年中最寒冷的季节,采收期最长,效益最高,技术难度较大的一种栽培形式。采用嫁接方法培育壮苗,嫁接育苗用直径8～10厘米的营养钵最好,其好处是苗子损耗率低、缓苗快,成活率高,根系不受损伤,防止病菌侵染,为早熟丰产打好基础。

黄瓜苗长到3叶1心,苗龄35天左右时,即可定植。

(3)适时定植

①整地施肥   土壤是种植黄瓜的基础,整地施肥最好在播种前的1个月进行,为黄瓜生产发育创造一个无虫、无病、肥沃而松软的土地环境,根据计划产量施用充足的肥料,按每667米^{2}产10 000千克黄瓜,需施用腐熟的圈肥8～10米^3,或发酵好的优质鸡粪2～3米^3,再施用三元复合肥100千克作基肥,为了防治地下害虫,每667米^{2}用3‰天诺正地丹颗粒4～5千克与细沙拌匀,将肥药撒施后深翻30厘米,使土、肥、药混合均匀,耙细搂平。

②棚室处理   整好地后随即扣棚膜,特别是重茬多年的老棚,需进行高温闷棚处理。先在地面开沟、灌透水,然后每平方米地块用天诺菌线威0.3～0.5克,对水3 500～7 000倍,均匀喷于地表,覆盖地膜。在走道上再进行药剂熏蒸,即每667米^{2}用80%敌敌畏乳油250克,拌上干锯末1千克与2～3千克硫磺混合,分10处点燃,密封棚室,让太阳暴晒7～10天,晴天室内温度可达到50℃以上,可将空间和土壤的病虫杀灭,尤其是土传病害和线虫病得到较好的控制,为黄瓜生长发育创造一个清新而洁净的环境条件。育苗前1周进行通风换气。

③做畦   在前期整地施肥的基础上,采用大垄双行栽培,大行距80厘米,小行距40厘米,当地温在12℃以上即可定植。

(4)田间管理

①温度管理   定植后前期任务是保温,促进缓苗,白天保持28℃～32℃,夜间20℃～24℃,地温20℃以上,缓苗后一般白天保持在25℃～30℃,促根壮秧,防止徒长。进入结瓜期后逐渐进入深冬季节,以增温和保温为主,对棚室采取变温管理,8～13时室

温 25℃～30℃,最高不超过 35℃;13～17 时室温 20℃～25℃;17～24 时室温 15℃～20℃;0～8 时室温保持 10℃～13℃,不得低于 8℃。

②**肥水管理** 根据黄瓜需求肥水的特点和根系吸收肥水的特性,进行科学管理,总的原则是少量多次。定植后应浇大水使苗土与畦土结合紧实,黄瓜缓苗后心叶开始伸展,新根开始发育,应在膜下浇 1 次透水,每 667 米² 结合追施尿素 10 千克,以促进发棵。根瓜采收前尽量不浇水,适当蹲苗,促使根向土壤深处生长。采收根瓜以后每隔 10～20 天结合浇水,每 667 米² 追施三元复合肥 30 千克左右,并适当补充钾肥,每隔半月喷 1 次补钙型天诺喷冲宝,除补充钙的不足外,其抗病效果极为显著。到后期黄瓜根系老化,吸收能力降低,可注重叶面补肥。绿亨必多收、天诺颗粒丰交替使用,每 5～7 天喷洒 1 次。

③**植株调整** 黄瓜属蔓生植物,合理的绑架及整枝,对充分利用空间、提高光合效率和调节营养、增加产量有重要作用。当黄瓜植株 5～6 片叶时就应及时吊蔓,以后每隔 3～4 片叶绕蔓 1 次,并注意对高株采取弯曲绕蔓,使"龙头"顶部处在一个水平面上,防止高株遮光以强欺弱,发现雄花和卷须随时去掉,以减少养分消耗。在结瓜中后期注意逐步摘除病叶和 50 天以上的老叶,以改变通风透光条件,提高光合效率和减轻病害的蔓延。

(5)棚室空气管理 为了搞好棚室的空气管理,除了增施二氧化碳气肥外,还必须在适当时机通过放风排毒,排湿、降温,保证黄瓜的正常生长发育。放风的方法,若不是太冷,一般早上揭苫后室温不下降可小通风,到 10 时以后室温达到 28℃以上时,再通风。下午室温下降至 28℃时关闭风口,日落前室内气温下降至 20℃左右时覆盖草苫。

(6)灾害性天气的管理 所谓灾害性天气主要指深冬季节连续阴雪天气,断绝了棚室蔬菜的热源和光源,对蔬菜造成灭顶之灾,遇到特殊年份和特殊天气,造成"全军覆没"的现象。司马庆泰发明的专利产品"高能多效光肥灯"的问世,便有了免灾的对策。该产品采用汽灯的形式,燃烧液化气体,以吸流 20 倍以上,空气中的湿气、氧气与含碳液化气混合燃烧,在 2 600℃的光温点上分解水分子,而产生 2 千瓦的强光热辐射照明和 6 千瓦的燃气高温供暖,在此光化燃烧后的大量废气均是纯净的二氧化碳气肥,与此高速吸流的同时将棚内空气中的细菌孢子、病毒、飞虫彻底烧死又可达到快速降湿减灾与保鲜的目的,每晚最冷时点亮 1 小时左右,6 项功能全达标,每个灯头有效面积 10 米² 左右,日使用成本 0.5 元左右,确实是一举六得;而且安装方便,使用持久,投资较少,是户户能采取的一项经济有效的措施。

此外,久阴突晴后,千万不要马上全部揭开草苫,防止"闪苗"。可采取揭隔苫的办法,让植株逐渐见光,或在揭苫前先在植株上喷一遍清水,提供突然增加蒸腾所需要的水分,可防止植株萎蔫。还应注意棚面积雪后,要随时清除,防止积雪过重造成棚面坍塌。

(7)采收 黄瓜属嫩果采收,采收早晚对产量和商品性都有很大影响。嫁接栽培,从播种至采瓜大约 70 天,尤其是根瓜必须及早采收,防止坠秧,中上部黄瓜一般从开花至采收 7 天左右,太早瓜条生长不足,保水能力弱,货架期短。采收太迟,果实老化,商品价值降低,而且大量消耗植株养分,影响上部幼瓜的生长,甚至造成畸形瓜或化瓜,总体产量降低。结瓜初期一般 2~3 天采收 1 次,盛果期 1~2 天采收 1 次,采收后保湿存放于 2℃~5℃温度下 5 天左右,不要超过 7 天,否则会出现糠心或腐烂。

54. 冬春茬黄瓜育苗常见的生理障碍有哪些？如何解决？

(1)育苗期遇低温弱光,秧苗长势弱 育苗期间若遇连阴天,造成温室低温弱光,气温、地温较低,轻者出苗的时间长、出不齐,且长不好。严重的根本出不齐苗,或出齐苗后被冻死,所以土壤温度高低是育苗中主要因素。

解决办法:较长时间的连续低温天气,在温室的管理上应采取相应的措施。使室温满足育苗的要求。用地热线加温,可使地温保持在 18℃,在阴雨天气 18℃的地温并不次于 20℃~23℃的地温所培育出的壮苗。或可采用土锅炉或回龙式火炕来提高地温。

在低温弱光天气时,白天提高温度,因为白天温室塑料膜上去掉了草苫或其他覆盖物,阴天加北风,温室塑料屋面上的散热相当严重。即便是温度稍高一点,可以通过放风炼苗,使苗增加抗逆性,不至于天气猛晴后苗受不了。夜间温室加温不宜太高,虽然夜间外界气温低,但由于温室前屋面有 1~2 层覆盖物,散热较慢。如果夜间温度高,呼吸消耗增多。所以,在阴天情况下,要比晴天时降低 2℃~3℃室温,如果遇低温加阴天,温室的温度管理就要再低一些,但一定要保持黄瓜幼苗的生长发育最低限温度,白天温度不得低于 15℃,晚上不得低于 10℃~12℃,地温不能低于 12℃~14℃。

(2)温室黄瓜出苗后,子叶小,真叶小而厚,生长速度很慢 最根本的原因是黄瓜苗根系发育不好,有的根发黄甚至烂掉。其原因有:土壤的透气性差;土壤湿度大;温度低,特别是地温低,较长时间地温在 15℃以下;营养土中有未腐熟的有机肥;较长时间阴雨天气。

解决办法:出现以上情况,不论是黄瓜苗出现 2 片真叶或 3 片真叶都要及时倒土,增加秧苗周围的空隙度,可以增加透气性,加快土壤中的水分蒸发,降低土壤湿度。提高温度,地温要保持在 18℃以上,这样土壤湿度降低也较快。连续阴雨天,湿度不能降低时,还可以在土坨周围加施草木灰;用干布或海绵擦塑料薄膜上水珠;如果有个别的土坨干燥,可以洒水,但切忌过量。

(3)僵苗 僵苗主要是苗龄过长,苗床长期低温、干旱。

防止措施:改控苗为促苗,给秧苗以适宜的温度和水分条件,促进秧苗迅速生长。采用冷床育苗时,尽量提高苗床气温和地温,适当地控制浇水、炼苗。

(4)闪苗 秧苗长期处于连阴寡照的天气遇到骤晴时容易造成萎蔫而闪苗,另外过量施用氮肥也易造成氨气中毒而闪苗。

防止措施:尽量多见光,久阴突遇强光注意遮阳,适时补水。

(5)烤苗 主要由于苗床温度过高、强光或叶片与透明覆盖物接触使得叶片极度萎蔫所致。表现为叶缘干枯变白,有时出现坏死斑点,所以当温度过高时,及时放风降温,避免叶片与覆盖物接触。

(6)风干 秧苗一直生长在棚室保护地中,突然遭受大风吹袭就很容易发生萎蔫。如果萎蔫时间过长,叶片不能恢复,最后呈绿色干死。

防止措施:苗床通风要逐渐由小到大,使秧苗有一个适应过程。遇大风天气,应把覆盖物压好,防止被风吹跑。

(7)寒根 土壤温度低于 10℃ 就有可能发生寒根现象。表现为根系停止生长,颜色变褐,叶片变黄易萎蔫。

解决办法:提高地温,促新根发生。

(8)冻害 冻害不仅严重影响秧苗生长,也影响花芽分化和发育,易造成花果脱落成畸形。

防止措施:采用人工控温育苗,如电热温床育苗,工厂化育苗等。在早春育苗期间,注意天气变化,及时采取防寒保暖措施。增强秧苗抗寒力,适当增加光照,促进光合作用和养分积累,提高秧苗抗寒性。

55. 冬春茬黄瓜如何进行增光和补光?

(1)采用新膜 要选用新的无滴膜,新膜透光率可达 90% 以上。覆膜时一定要拉紧,薄膜不平,表面皱褶多也影响透光率。发现薄膜变松应及时拉平拉紧。要勤擦拭棚膜,保持良好的透光条件,尤其是靠近路边的棚室更应注意,每天都要用拖布擦净薄膜上的灰尘、草屑和水滴。

(2)适时揭盖草苫 晴天时,草苫要早揭晚盖,延长光照时间。可在温室内按 3～4 米间距吊 100～200 瓦的灯泡,每天上午揭苫前和下午放苫后各补光 2 小时。

(3)采用覆盖地膜 冬春茬黄瓜采用白色地膜覆盖,除增温保墒、降低空气湿度外,还具有一定的反光作用,它的反射光可使作物中下部叶片多得到 10% 以上的光照,光合作用增强,衰老期延迟。

(4)张挂镀铝反光幕 增加植株下部和地面的光照强度,也可在栽培畦北侧张挂反光幕可明显增强光照。还可以把室内的墙壁、立柱表面等用白灰涂白,也可增加反射光。

56. 冬春茬嫁接黄瓜出现生理性萎蔫和叶片急性萎蔫的主要症状是什么？如何防治？

冬春茬嫁接黄瓜,当植株长至 1.4～1.7 米时,在温室内不规则地出现生理性萎蔫病株,每天死亡十几株至几十株不等,严重时会超过百株,最严重地块病株可高达 30% 以上,给生产带来较大的损失。这种生理性病害多发生在 1 月中下旬和 2 月上旬。

4 月份以后,棚内进入高温阶段,植株高度达 2 米左右时,经常出现叶片急性萎蔫。病株率一般在 10% 以下,严重时在 15% 以上。

(1)主要症状 黄瓜生理性萎蔫是指全株萎蔫,采瓜至盛瓜期生长发育一直表现正常,有时在晴天中午,突然出现急性萎蔫症状,到夜间又逐渐恢复,如此反复数日后,植株不能再复原而枯死。从外观上看不出异常现象,切开导管也无病变。黄瓜叶片急性萎蔫,是指在短时间内,黄瓜叶片突然萎蔫,失去结瓜能力。

(2)发病原因　冬春茬日光温室出现黄瓜生理性萎蔫,病因主要是大水漫灌所致,灌溉后土壤中含水量过高,造成根部窒息或处在嫌气条件下,土壤中产生有毒物质,使根中毒导致发病。另外,嫁接黄瓜亲和性差也是一个诱因。

黄瓜叶片急性萎蔫,主要是棚温过高所致,同时地温高,地表温度有时高达35℃以上,此时黄瓜叶片蒸腾作用十分旺盛,根系吸收的水分快速通过叶片蒸腾。中午放风不及时造成室温过高,导致黄瓜植株体温失调,引起黄瓜叶片急性萎蔫。

(3)防治方法

①黄瓜定植前15~20天浇足底墒水　特别是半地下温室采用机械施工,温室地面活土层过深,地面整平后局部活土层深浅不一,浇足底墒水后需再整平地面,经15~20天的水分散失,使土壤达到深、透、细、平、实。黄瓜定植后掌握浇定植水足而不过量,有利于缓苗。

②严格蹲苗　黄瓜定植时先定植后覆地膜,定植当天浇定植水,如果局部浇水不匀补浇缓苗水,根据土壤质地不同,可在定植后7~10天再覆盖地膜。这样水分均匀一致,扎根快。一般情况下,到50%根瓜把变黑时浇催瓜水。

③勤中耕松土　从定植后到浇催瓜水,一般沙壤、轻壤土中耕5~7次,中壤以上质地中耕3~4次,蹲苗期中耕主要是针对未覆土的垄沟,这是十分必要的措施。

④利用黑籽南瓜作砧木,应选择亲和性强的黄瓜品种作接穗目前,津绿3号、东方优秀和小八叉等品种表现较好。

⑤注意通风降温　4~5月份,温室内进入高温期,要严格掌握室内温度,避免长时间处在35℃以上,对防止黄瓜叶片急性萎蔫有较好的作用。

⑥增施二氧化碳气肥　空气中二氧化碳浓度为400~500微升/升,温室内早晨二氧化碳浓度较高,上午10时以后,二氧化碳

严重不足。晴天9：30～11：30，光质最好，要在这个时段补充二氧化碳气肥，浓度达到1 000～1 200微升/升为宜。

57. 提高冬春茬黄瓜商品性的栽培技术要点有哪些？

(1)选用优良品种 针对冬春茬黄瓜在生长期中，尤其是前期外界环境为严冬气候，长时期的低温与弱光环境，故应选用耐低温、弱光、抗逆性好，生长势旺，雌花着生节位低，节成性好，优质高产的优良品种。如中农11号、津春4号等。

(2)适时播种育苗 冬春茬黄瓜苗期是处在低温季节，育苗时特别注重温度管理，采用地热线温床或在加温棚室内育苗或配合用"高能多效光肥灯"培育壮苗，以防阴雪低温天气。重茬地最好采用嫁接育苗，若不嫁接，在育苗时必须用"菌线威"进行土壤处理，即每立方米营养土用15克菌线威拌匀堆闷2～3天，填畦或装钵进行育苗。定植时和结瓜期再用50%多菌灵可湿性粉剂500倍液，或用天诺苗菌杀500倍液灌根，每株150～200毫升，以防止枯萎病的发生。苗龄适当延长，一般为50天左右，当幼苗达到4叶1心时定植。

(3)采取三段管理法

①结瓜前期管理 从定植至开花需15～20天。选晴天定植浇温水，覆土成垄覆盖地膜，密封棚室，白天保持25℃～28℃，夜间13℃～15℃，地温20℃以上，促进新根生长，提早缓苗。在植株调整时摘除侧枝、雄花和卷须。

②结瓜盛期管理 从根瓜开始膨大到盛瓜期。这一段进入3月份以后，外界气温逐渐回升，光照增强，其管理的重点是肥水猛攻，提高黄瓜早期产量，浇水追肥要注意看天、看地、看植株，注意收听天气预报。选晴暖天气，观看土壤墒情，看植株长相，准确诊断需肥需水情况，合理浇水追肥。随着温度的提高，蒸腾不断加大，结瓜量增加。一般5～7天浇水1次。隔1次水，追1次肥，追

肥品种以磷、钾肥为主,或(液体)冲施肥,并补充足够的钾肥,每667 米² 施肥量 25 千克左右,并每隔 5 天喷洒 1 次绿亨天宝或天诺喷冲宝等叶面肥料。温度管理要适当提高,晴天白天 25℃～30℃,并注意增加通风量,排湿、降温、补充二氧化碳气肥。揭盖草苫的时间,也要随着天气的变化,外界气温高时要早揭晚盖,当外界气温不低于 15℃时,夜间不再覆盖草苫,并注意夜间通风。

③结瓜后期管理　黄瓜从盛瓜期到衰败期。此期黄瓜植株逐渐老化,尤其是根系趋于木质化,吸收能力降低。除少浇水外,注重追施速效钾肥,并配合叶面喷施 0.2％尿素和 0.3％磷酸二氢钾溶液,促使植株健壮生长;尽量延长功能叶的寿命,促使侧枝生长,获取更多的回头瓜。

(4)及时采收　根瓜及早采收,防止形成畸形瓜和坠秧,从而提高黄瓜商品性。

58. 黄瓜不同生长阶段对水分有什么要求? 怎样进行黄瓜适时适量浇水?

黄瓜根系浅,叶片大,消耗的水分多,对空气湿度、土壤水分要求都比较高。适宜的空气相对湿度 70％～90％,适宜的土壤相对湿度 85％～90％,黄瓜对空气湿度的适应能力比较强,夜间空气相对湿度达 90％～100％也能忍受,但湿度过大容易发生病害。对较低空气湿度的适应能力随土壤湿度增加而增加。生产中,空气湿度适宜,土壤水分比较充足,对生育是有利的。土壤水分充足,降低空气湿度能减少病虫害的发生,延长生育期,获得高产。但在温度较低的季节应防止土壤湿度过大,避免低温高湿造成沤根。

黄瓜不同生长发育阶段需水量也不同,种子发芽时要求有足量的水分;幼苗时应适当控制浇水,以防沤根、徒长及引起病害发生;以后随植株生长,需水量逐渐增多,尤其是结瓜期,生殖生长和营养生长同步进行,因此必须满足水分供应以防出现畸形瓜或化瓜。在保护地栽培中,一生中需浇水 20 次以上;露地种植中,需10 次以上。另一方面,黄瓜的需水量与秧苗大小、不同生育期对水分的要求、不同季节温度高低、施肥量大小等关系密切。在粗放栽培条件下,不考虑条件,只要浇水就是顺畦漫灌的浇水方式,会造成大量肥料下渗流失。尤其在低温季节,处于苗期的植株,本身需水量小,大水漫灌后土温下降,难以尽快恢复。

59. 温室黄瓜进行浇水时怎样预防病害的传播?

温室黄瓜浇水要合理适时,先应浇足底墒水,浇好定植水,根瓜采收前一般不浇水,要蹲苗,根瓜采收后应及时浇水,应注意一次浇水不宜太多。应少量多次。越冬茬黄瓜一般 10～15 天浇 1次水,早春随外界气温的回升和光照时间的延长,需水量不断增大,应缩短浇水时间,7～10 天浇 1 次水,大小沟同时浇水。浇水最好选晴天上午特别是严冬和早春,不但浇水当天为晴天,而且要连晴几天,一定要在浇水前 1 周将外界井水引到蓄水池蓄热升温,水温保持在 15℃以上,不低于 10℃。灌溉方式最好采用滴灌,膜下暗灌,切忌大水漫灌。总之,温室黄瓜浇水要根据天气、地墒、苗情灵活掌握,适时调整,既要保证水分充足供应,又要避免因浇水不当而使地温骤降,空气湿度增大,导致病害的发生。

60. 病菌与水分、肥料有什么关系?

病菌可以从浇水和施肥时带来。黄瓜植株有了病害,对严重的病叶要及时摘除。这种病叶不要随便乱扔,不要扔到水池内、水沟内,以免冲入无病田内引起病害的扩散。有病植株不要作堆肥沤制,最好是烧掉或深埋,防止病害发生。如果是沤制堆肥,或扔在猪、羊圈内沤制,一定要堆积在一起进行高温发酵,充分腐熟,使病菌被消灭,这些肥料最好是施在粮食作物地里,不要给菜田施用,更不要施在黄瓜地里,这样可以减少病菌的传播源。

61. 为什么说光照可以影响黄瓜的商品性?

黄瓜果实生长发育速度的快慢、产量的高低及商品性的优劣与品种、温度、光照、水分、营养状况等因素关系很大。在棚室栽培黄瓜,如果因光照弱,生长缓慢,在开花期表现为凋萎而落花,如连续的阴雨雪天气,就会产生大量的落瓜,易产生畸形瓜。如果因光照强,使黄瓜被烧伤,应及时浇水或喷水。特别在结瓜初期的 1 或 2 条瓜,因处于气温低、瓜蔓小、光照弱、有机物质积累少的条件下。所以果实发育慢,从雌花开放至采收,一般需要 15～20 天。在结果盛期,由于温度适宜,光照充足,植株生长旺盛,果实发育速度快,从开花至采收仅需 8 天左右。在果实生长时期,假若受到不良环境的影响,或管理不当,或光照弱,往往会出现尖嘴(化瓜)、小头、大肚、弯曲、细腰、裂果等畸形果实。这些现象的出现,大多是由于环境(光照)或栽培管理不适宜。影响植株的正常生理代谢和黄瓜的商品性。

62. 赤霉素使用过量对黄瓜商品性有什么影响? 如何正确使用赤霉素?

赤霉素使用浓度过量易导致黄瓜叶片发黄,植株细弱、大肚瓜及弯曲瓜等畸形瓜增多,影响黄瓜商品性。黄瓜于幼苗 2～6 片真叶时喷施 50～100 毫克/千克赤霉素,可减少雌花,增加雄花,使雌株黄瓜成为雌雄同株。当幼瓜长至 10 厘米时,用 20～30 毫克/千克的赤霉素溶液喷施或浸幼果,可使幼果迅速增大,提早收获,增产 20%～50%。使用赤霉素时需注意:要先用少量酒精(或 60 度烧酒)溶解后,再加水稀释成所需的浓度;不能与碱性物质混合使用;赤霉素最好随配随用;必须配合施用充足的肥水使用浓度要准确,喷洒要均匀。

63. 乙烯利使用过量对黄瓜商品性有什么影响？如何正确使用乙烯利？

黄瓜幼苗在1叶1心时喷1次乙烯利,浓度为200~300毫克/千克,增产效果相当显著,高于300毫克/千克,造成幼苗茎叶生长停滞、花打顶、僵苗,雌花易畸形,产生大肚瓜、弯曲等畸形瓜,严重时生长点干枯死亡。经处理后的秧苗,雌花增多,节间变短,坐瓜率高。此时植株需要充足的养分方可使瓜坐住,瓜条发育膨大,故要加强肥水管理。一般当气温在15℃以上时要勤浇水多施肥,不蹲苗,一促到底,施肥量要比不处理的增加30%~40%。同时,在中后期用0.3%磷酸二氢钾进行3~5次的叶面喷施,用以保证植株营养生长和生殖生长对养分的需要,防止植株老化。

补救措施:根据药害程度,增施速效性氮肥,同时增加浇水次数,以保证充足的肥水供应,提高棚内温度。受害后,白天要提高棚温28℃~30℃,以促进幼苗生长;夜间可保持13℃~15℃,保证雌花的继续分化。浓度大于200毫克/千克即发生药害,此时可用20~50毫克/千克的赤霉素液喷施。

64. 在栽培中如何防止黄瓜表面起霜？

黄瓜表面起霜主要是定植黄瓜前,对种植地深翻太浅,使得定植后黄瓜根系扎得浅,对肥水养分吸收受阻,而呼吸作用加强,导致呼吸消耗不足,受到抑制,而在果皮上产生蜡状白粉物质。特别在连阴天,根系吸收力不好的植株更为严重。所以,在黄瓜定植前,应对栽培地块深翻30厘米以上。可促使根系生长旺盛,吸收力大大增强。此时大棚内要加强放风降温,防止夜温过高,降低呼吸作用强度,减少呼吸消耗。应注意氮、磷、钾肥的配合施用。另外,注意勤擦棚膜,增加棚膜的透光度,促进叶片光合作用。

65. 在黄瓜栽培中如何防止生长势大小不一？

第一，施用了未充分腐熟发酵的鸡粪作基肥，造成伤根，根系受损无法供应充足的养分所致；也有的棚室因施用了鸡粪中含有的火碱造成的；化肥基肥施用量过大也会伤根，造成黄瓜长势不一。要在施基肥时尽量施发酵充分的有机肥，还要早施。在生长期针对弱苗喷一些叶面肥。

第二，地面不平，长势不均，浇水时地势因高低不同吸收水分不一致，植株长势不一致，也会造成结果大小不一致。要平整地面，小水勤浇，防止水分过多造成沤根。

第三，根结线虫为害也易出现参差不齐的现象。根结线虫侵染根部后，会严重影响植株长势，可用 1.8% 阿维菌素溶液灌根防治。

第四，定植时苗大小不一致，也会导致黄瓜生长势大小不一致。定植后对长势差的苗，适时喷一些叶面肥，可促使其长势均匀一致。

66. 夏秋黄瓜怎样使用乙烯利？

夏秋黄瓜生长发育阶段处于炎热的高温季节，日照长，雌花形成迟。应用乙烯利在黄瓜幼苗期进行喷施处理，可促进雌性器官的发育，使原来着生雄花的主茎节位形成雌花，降低雌花着生节位，从而多结黄瓜，不仅增产，而且早熟。具体方法如下。

喷施时间：夏秋黄瓜喷施乙烯利的适宜期为 2～3 片真叶期，喷施次数一般为 1～3 次，隔 7～10 天喷 1 次。

喷施浓度：用乙烯利控制黄瓜性别的适宜浓度为 0.01%～0.02% 的稀释液，在具体施用时则根据处理次数而定。一般喷 2 次时，以 0.02% 的稀释液为宜，喷 3 次则以 0.01% 的稀释液为好。

喷施方法：选在阴天的 16 时以后，将配制好的药液均匀喷施在全株叶片及生长点，力求雾粒细微。要注意留出一定数量的植株不作处理,使其上所生出的雄花为田间雌花提供花粉。

黄瓜用乙烯利处理后,还必须加强管理,确保充足的肥水供应,一促到底。在生长中后期用 0.3％的磷酸二氢钾与 3 000～4 000 倍的植物生长调节剂"802"混合溶液喷施 3～5 次,保证植株营养生长与生殖生长的旺盛需求,防止早衰。

67. 黄瓜生产中应怎样使用植物生长调节剂?

黄瓜生产中常用植物生长调节剂种类:乙烯利、赤霉素、矮壮素、叶面宝、爱多收等。

(1)乙烯利 可以促进植物器官老熟,抑制伸长生长等作用。1 片真叶期喷 60 毫克/千克。一般处理 1～2 次。

(2)赤霉素 有促进老化苗恢复生长,促进瓜条生长加快。在雌花开放及瓜条长 10～12 厘米时使用。使用浓度为 20～40 毫克/千克。赤霉素遇碱分解。

(3)矮壮素 可以促进植株茎秆变粗,节间缩短,叶色变深,根系发达,花芽分化数增多。在早春秧苗 5 叶以上时喷洒 1 次。一般用 5％的矮壮素 1 000 倍液、800 倍液和 600 倍液。

(4)叶面宝 促进生长,增强抗性,提高品质,早熟增产。定植后 15 天左右使用。使用浓度为每 5 毫升药对水 50～60 升。

(5)爱多收 低浓度可以提早发芽,促进根系发育,叶片增长增厚,利于光合作用和干物质积累,增加花量和坐果率,利于果实膨大等作用。常用浓度为 6 000 倍液浸种 12 小时。高浓度下的爱多收则有抑制生长的作用,一般使用浓度为 2 000 倍液左右,可防止蔬菜旺长。

68. 黄瓜发生药害的症状有哪些? 如何补救?

黄瓜发生药害的症状主要表现在叶片、瓜条上,严重时引起植株死亡。

(1)发病症状

①叶片异常 黄瓜受到药害多表现在叶片上,发生药害时,叶片受害最重,一般表现为叶片枯萎,颜色褪减,逐渐变为黄白色,并伴有各种枯斑,边缘枯焦或黄化,组织穿孔,皱缩卷曲,增厚僵直,提早脱落。药害发生轻者生长延缓,影响产量,重者绝产绝收。

②结瓜异常 用多效唑控制植株徒长时使植株的伸长生长得到良好的控制的同时,会使瓜条的生长明显变短,严重影响黄瓜的商品质量。

③引起植株死亡 苗期在叶面喷洒辛硫磷乳剂,或误用盛装过除草剂而没作处理的喷雾器,会造成植株死亡或叶片枯死。

(2)防治方法 药害发生后,通过及时补救,加强管理,可能减轻危害。

①清水喷淋 如发现喷错农药,应及时用清水冲洗 2~3 次,洗净植株表面药液。碱性农药造成的危害,可在清水中加入适量食醋;酸性农药造成的危害,可在清水中加入 0.1% 的生石灰;棚室内还可在天气适宜时放风,排出有害气体。

②摘除受害枝叶 枝叶受害后,褪绿变色,失去生理功能,要及时摘除,防止药剂在植株体内渗透传导。促使植株尽快萌生新芽、新叶,恢复正常生长。

③及时浇水 增加植株体内细胞的水分,促进新陈代谢,减少有害物质的相对含量。同时冲淡根部积累的有害物质,促进根系的生长发育,缓解药害。

④叶面施肥 产生药害后出现抑制生长的,可喷用赤霉素(九二〇)30~50 毫克/千克,再配合白糖 100 倍液;或出现叶片急速扭曲下垂的,可立即喷用 100 倍液的白糖水。一般可迅速解除药害。除草剂造成的药害,如果药害不十分严重,可喷抗病威或病毒 K 500 倍液,对于出现严重抑制生长的植株,可用原液涂抹生长点。其他农药药害,一般采用天然芸薹素或叶面喷洒硫酸锌600~

700倍液,促使植株体自身产生赤毒素,从而解除和减轻药害。

69. 除草剂使用过量对黄瓜商品性有什么影响? 如何防治?

(1)除草剂使用过量对黄瓜的不良影响 黄瓜使用除草剂过量会造成搭架的植株矮化,生长缓慢,新叶很难长出,即使新叶长出,但色泽发黄,叶片变薄,叶片上出现以叶脉隔离的黄色斑,叶片脆,易脱落;花瘦小不壮,易落花,有的枯死在瓜蔓上;结实量少,畸形瓜较多,即尖嘴、蜂腰和弯曲瓜,商品性差。劈开蔓后,发现内部有部分呈褐色药液流到根部,根的再生能力差,侧根变粗变短,造成植株新叶、花、果生长势都较弱,产量低。除草剂会使幼苗生长缓慢,推迟黄瓜开花结果时间;生长期间,误喷除草剂或空气中飘移来的除草剂会首先危害生长点和幼叶,使叶片凹凸不平,叶缘干枯,向上卷曲,节间变短,与病毒病类似。

(2)防治方法

第一,生产中应尽量将除草剂与其他农药分开使用喷雾器进行操作,避免交叉药害的发生。

第二,药害轻的地块立即喷解毒药和生长调节剂,如10~20毫克/千克赤霉素、细胞分裂素、云大120的4 000~6 000倍液,以防止器官脱落,促进细胞分裂,抑制衰老。

第三,加强肥水管理,肥料多用叶面肥及含锌、铁的微肥。

第四,有严重药害的蔬菜田,一般不能恢复,可立即拔除重新种植。黄瓜种植田周围如果有人使用除草剂,要及时喷药解除,可用鲜牛奶250毫升对水15升,或微肥均衡喷雾。

六、病虫害防治与黄瓜商品性

1. 影响黄瓜商品性的病虫害主要有哪些?

(1)真菌性病害 黄瓜猝倒病、黄瓜灰霉病、黄瓜菌核病、黄瓜炭疽病、黄瓜黑星病、黄瓜疫病、黄瓜蔓枯病、黄瓜白绢病、黄瓜花腐病等病害。

(2)细菌性病害 黄瓜细菌性角斑病、黄瓜软腐病、黄瓜细菌性缘枯病、黄瓜细菌性圆斑病等病害。

(3)病毒性病害 黄瓜病毒病包括花叶型病毒病、皱缩型病毒病、黄化型病毒病、绿斑型病毒病。

(4)生理性病害 黄瓜果实味苦、畸形瓜(细腰瓜、大肚子瓜、尖嘴瓜、弯曲瓜、双体瓜、细腰大头瓜)、黄瓜低温障碍、黄瓜化瓜、黄瓜瓜佬。

(5)虫害 茶黄螨、蓟马、瓜绢螟、白粉虱等虫害。

2. 黄瓜病害发生和流行的环境条件是什么?

不同的病害侵染、发生、流行均需要适宜的环境条件。在所有环境条件中,以温、湿度最为重要。除病毒病等少数病害发生需要在高温干旱的条件下外,大多数病害适于在低温和高湿的条件下,尤其是在叶片吐水结露或伤口湿润的情况下侵染植株而发生。黄瓜的多种病害发生适宜温度为 15℃~25℃。这些病害发生的适宜温度,均在黄瓜生长发育的适宜温度范围内。因此,只要黄瓜生长发育,病菌也随之发生、发展。特别是在大棚温室栽培中,温、湿度均有利于病害的发生。在寒冬,温室内的温度一般较低,而适宜霜霉病等病的发生。如遇连续阴雨天,由于日照不足,棚室内温度较低,不敢通风,使棚室内湿度较高。在寒冷季节每次浇水后会降低地温,增加空气湿度,易造成病害发生。尤其在冬春季节,为保证温室内的温度条件,往往密闭棚室,或风口较小,加上湿度大,温室内的空气湿度较高。有时棚膜的水滴滴落在黄瓜叶片上,易使病菌直接侵染,滴落在土壤上,土壤湿度增加,也易造成病菌发生危害。

3. 黄瓜病虫害综合防治管理技术要点有哪些?

黄瓜病虫害防治原则是:贯彻"预防为主,综合防治"的植保工作方针,坚持以"农业防治为基础,优先采用生物防治、物理防治,科学使用化学防治"的综合防治技术。

(1)农业防治

①土壤的选择与消毒 选择3～5年未种过瓜类及番茄等蔬菜的地块种植黄瓜,可有效减少枯萎病、白粉虱等病虫源。消灭土壤中越冬病菌、虫卵。冬季大棚栽培,提早扣棚膜,烤地,增加棚内地温,促进缓苗,提高幼苗素质,增加抗性。选用流滴棚膜,可使棚内水汽在棚膜表面凝结成水膜后,沿棚膜流下,从而降低湿度。棚室栽培要对棚室的骨架、竹竿、吊绳及棚室内土壤进行消毒。在棚室的门口及通风口张挂防虫网。清洁栽培地块前茬作物的残体和田间杂草,进行焚烧或深埋,清洁周围环境。秋季栽培前,可进行闷棚,利用日光进行土壤高温消毒,且不具有任何不良反应。

进行土壤高温消毒,应注意以下影响因素:一是天气,二是棚膜和地面覆膜密闭程度,三是处理前整地情况。消毒期间天气晴好,棚室和地面覆膜比较好,可有效提高棚室和土壤耕层温度。积温高,处理效果好,处理时间可相对缩短。

②选择抗病品种,培育健壮无病虫幼苗 选择抗病品种,如抗霜霉病、黑星病、白粉病、枯萎病等的品种。播种前对种子进行消毒处理。常用的消毒方法有温汤浸种、药剂浸种、药剂拌种、干热

处理等。育苗床选择在未种过黄瓜作物的田块,或专门的育苗地。营养土的来源,应在未种植过瓜类作物的地块取土,并经严格消毒后使用。选用嫁接苗,可防治枯萎病等土传病害。春季育苗时,苗床应浇足水,苗期不可浇水,可防治猝倒病、立枯病的发生。适时通风降温,加强田间管理,防止幼苗徒长,培育健壮无病、无虫幼苗。

③合理轮作　黄瓜长期连作,常常导致那些侵染黄瓜的病菌种群迅速扩大,侵染能力增强,如根腐病、枯萎病、茎基部腐烂病等。建立合理轮作制度,可减轻各种病害的发生和危害。

④嫁接防病　黄瓜嫁接不仅可有效地防治枯萎病,而且增产效果显著。但嫁接栽培技术性较强,应把好六关,即播种、消毒、管苗、嫁接、接苗栽培、定植。春黄瓜采用大棚及防虫网;秋黄瓜采用遮阳网培育无病壮苗。

⑤加强田间管理,防止病虫侵染　定植前,密度不可过大,以有利于植株通风透气。栽培畦采用地膜覆盖,可提高地温,减少地面蒸发。多施充分腐熟的有机肥,减少化肥用量;增施磷、钾肥,促进瓜条内物质的运输与积累。叶面补肥,快速提高植株抗性。棚室内栽培,浇水以滴灌为好,禁止大水漫灌。寒冷季节浇水应在晴天上午进行,浇水后立即密闭温室,提高温度,或是中午通风排湿,预防病害发生。高温季节应在清晨或下午傍晚时浇水,棚室要适时通风、降湿,注意保温的同时,降低棚室内湿度。秋季栽培,前期温度高,通风口昼夜开启,晴天强光时,应覆盖遮阳网降温。并及时进行植株调整,去掉底部老叶和病叶,增加植株间通风透光,促进植株健壮生长。

(2)生态防治　低温高湿是黄瓜霜霉病、灰霉病、白粉病等真菌性病害发生的主要生态条件,在叶片有水膜的条件下,气温在15℃～20℃,空气相对湿度在85％以上,是病害发生蔓延的生态环境条件,所以在棚室管理上要人为地调节温、湿度,减轻病害的发生。其做法是上午根据室外温度的高低和棚室内温、湿度高低，放风 30 分钟至 1 个小时，然后密封棚室，将温度提高到 28℃～30℃，这样就能抑制病害的发生，利于黄瓜进行光合作用；下午放苫前将温度调整到 22℃左右，湿度 70％以下；夜间湿度虽然上升，但使温度下降到 10℃～13℃，也限制了病菌孢子的萌发。还可根据多数真菌酸性的特点，在病害刚刚发生时，在叶面喷洒 500 倍液的小苏打，3 天 1 次，连喷 5～6 次，对白粉病有特效。

高温闷棚对防治霜霉病也是行之有效的方法之一，其方法是：于 3 月下旬以后，选晴天早晨，先浇 1 遍水，提高空气湿度，以防秧头灼伤，在秧头部位挂 2～3 支温度计，然后密封棚室，使温度迅速升高，每 10 分钟观察 1 次温度，使棚室温度达到 45℃～46℃时，保持 2 个小时，即可将棚室内霜霉病菌杀死，然后先开天窗慢慢降温，使植株恢复正常生长。隔 4 天后再闷 1 次，可以提高防治效果。霜霉病的发生，根据天津黄瓜研究所试验，用尿素 1 千克，白糖 1 千克，对水 100 升，在黄瓜生长盛期，每隔 5 天喷 1 次，并注意在早晨喷于叶片背面，利于吸收，防治效果可达 90％以上。

(3)物理防治 利用蚜虫、白粉虱、美洲斑潜蝇对黄色有强烈趋性的特点，在棚室中每隔 10 米左右挂 1 块涂有机油的黄色捕虫板，露地黄瓜采用防虫网覆盖也是蔬菜无公害栽培的重要措施。

(4)科学施用农药，提高防治效果 对于已经发生的病虫害，应及时拔掉病株、病叶和幼虫集中的叶片并处理，防止扩散蔓延。化学防治上，采用高效、低毒、低残留的新农药，对症下药，适期防治。

4. 黄瓜猝倒病发病症状有哪些？如何防治？

(1)发病症状 该病主要在幼苗长出 1～2 片真叶期发生，3 片真叶后发病较少。幼苗染病后，茎基部有水浸状浅黄绿色病斑，很快病部组织腐烂凹陷变成黄褐色，干枯缢缩为线状，往往当子叶尚未凋萎,幼苗突然猝倒后贴伏地面;有时瓜苗刚出土,下胚轴和子叶已普遍腐烂、变褐、枯死;湿度大时,病部长出白色棉絮状菌丝体。苗床初见少数幼苗发病,几天后迅速蔓延,子叶青绿时幼苗已成片倒伏死亡。结果期遇低温弱光、湿度大的条件,果实易染此病。病菌易从果脐部或伤口处侵入,造成烂果。在空气湿度大时,果实病部表面见有白色棉絮状物,即菌丝体。

(2)防治方法

①**选地建苗床** 选择地势高燥、背风向阳、排灌方便的生茬地块做苗床,播种前要充分翻晒地,施足经过充分发酵腐熟的有机肥料作基肥,有条件的在冬春茬黄瓜育苗时可采用电热线温床、营养钵苗床育苗。

②**床土消毒** 床土应选用无病新土,如用旧园土,有带菌可能,应进行苗床土壤消毒。方法:每平方米苗床施用 50％拌种双粉剂 7 克,或 32％多·福可湿性粉剂 10 克,或 25％甲霜灵可湿性粉剂 9 克加 70％代森锰锌可湿性粉剂 1 克对细土 4～5 千克拌匀。施药前先把苗床底水浇好,且一次浇透,一般 17～20 厘米深,水渗下后,取 1/3 充分拌匀的药土撒在畦面上,播种后再把其余 2/3 药土覆盖在种子上面,即上覆下垫。如覆土厚度不够可补撒药土使其达到适宜厚度,这样种子夹在药土中间,防效明显,要注意畦面表土保持湿润,撒药土要均匀,以免发生药害。可用噁霉灵进行苗床土消毒。

③**加强苗床管理** 选择地势高、地下水位低、排水良好的地做苗床,播前 1 次灌足底水,出苗后尽量不浇水,必须浇水时一定选择晴天喷洒,不宜大水漫灌。苗床内温度调节为:白天保持20℃～30℃,夜间 15℃～18℃,尤其是注意提高地温,降低土壤温度。育苗畦(床)及时放风、降湿,即使阴天也要适时适量放风排湿,严防瓜苗徒长染病。增强光照,培育壮苗。

④**药剂防治** 发病前用 45％百菌清烟剂早防,每 667 米² 用

药 400～500 克,密闭苗床烟熏。

发病初期可用 72.2％霜霉威水剂 500～800 倍液,或 12％松脂酸铜乳油 600 倍液,或 80％代森锰锌可湿性粉剂 600 倍液,或 72％霜脲·锰锌可湿性粉剂 800～1000 倍液,或 25％甲霜灵可湿性粉剂 600～800 倍液,或 64％噁霜·锰锌可湿性粉剂 500～600 倍液,或 75％百菌清可湿性粉剂 600～800 倍液,或 80％三乙膦酸铝可湿性粉剂 400 倍液,每隔 7～8 天喷 1 次,连喷 2～3 次。对成片死苗的地方,可用 72.2％霜霉威水剂 400 倍液,或 97％噁霉灵可湿性粉剂 3 000～4 000 倍液灌根,6～7 天灌 1 次,连续防治 2～3 次。

5. 黄瓜立枯病发病症状有哪些? 如何防治?

(1)发病症状 幼苗自出土至移栽定植都可能发病。开始病苗白天萎蔫,夜间可恢复。主要危害幼苗茎基部或地下根部。茎基部初呈暗褐色椭圆形病斑,并逐渐向里凹陷,边缘较明显。致茎部萎缩干枯后,瓜苗死亡,但不倒伏,潮湿时病斑处长有灰褐色菌丝。根部染病多在近地表根茎处,皮层变褐色或腐烂,开始发病时苗床内仅个别苗在白天萎蔫,夜间恢复,经数日反复后,病株萎蔫枯死;发病初期与猝倒病不易区别,但病情扩展后,病株不猝倒,死亡的植株是立枯不倒伏,故称为立枯病。死亡的植株立枯不倒伏,病部具轮纹或不十分明显的淡褐色蛛丝状霉,且病程进展较缓慢,以别于猝倒病。

(2)防治方法 宜采取栽培技术防治与药剂防治相配合。

①**药剂拌种** 用种子重的 0.2％的 40％拌种双粉剂拌种。即每 1 000 克种子用 40％拌种双粉剂 5 克拌种。

②**播种前后撒施药土杀菌** 可选用 40％拌种双粉剂、50％多菌灵粉剂。按每平方米苗床用药 4～5 克,对细土 4～5 千克,施用

方法同防治黄瓜猝倒病。也可用 97％噁霉灵可湿性粉剂 3 000～4 000 倍液,在播种前后灌苗床,每平方米床面灌药水 3 升。

③加强苗床管理　主要是及时放风控温排湿,防止苗床温度过高和湿度过大。

④药剂防治　发病初期喷淋 20％甲基立枯磷乳油 1 000 倍液,或 30％甲基硫菌灵悬浮剂 500 倍液,或 15％噁霉灵水剂 600 倍液,或 5％井冈霉素水剂 1 500 倍液,或 5％武夷菌素水剂 100～150 倍液,或 30％多·福可湿性粉剂 800 倍液。

如果立枯病与猝倒病混合发生时,可用 72.2％霜霉威水剂 1 000 倍液加 50％福美双可湿性粉剂 1 000 倍液喷淋。7～10 天喷 1 次,连续防治 2～3 次。用防治猝倒病的其他农药防治立枯病也有效。

6. 黄瓜沤根烂根病发病症状有哪些? 如何防治?

(1)发病症状　主要危害棚室保护地黄瓜幼苗期至定植后的大苗期。主要特点是先沤根,后烂根死苗。从受害地上部分看,苗体瘦弱,生长极为缓慢,晴天白天易萎蔫。有的叶缘开始枯焦,发展为整叶皱缩枯焦。检查根部可发现,不定根少,新根也发生少,根皮呈锈色腐烂,植株易拔起。发病严重的地块或苗床,瓜苗成片干枯。

(2)防治方法

①加强苗床管理,避免苗床温度过低或湿度过大　要选择和建造采光好、增温快、保温性强的园艺设施。设置苗床育苗,即使在深冬遇寒流阴雪天气时,苗床土壤的夜间最低温度也不低于 12℃,一般天气,夜间苗床土壤温度控制在 16℃ 左右。苗床畦面要平,在出苗期和苗期都要严防大水漫灌。

②适时掌握放风时间和通风量大小　放风时间长短和通风量大小,关系着棚内栽培床或苗床的温度、湿度的高低。一般是放风

时间长,通风量大,利于棚内或苗床内排湿,而不利于保温;放风时间短,通风量小,利于大棚的保温,而不利于排湿。要根据不同季节和天气情况,适时拉揭和放盖草苫等不透明保温物,适时适度放风,解决排湿与保温的矛盾。

③及时松土,提高床温 发生轻微沤根后,要及时对苗床松土。提高土温,散墒降低湿度,待瓜苗长出许多新根后,再转入正常管理。

④高垄定植,覆盖地膜 高垄能提高土壤温度和便于垄间沟里浇水,浇沟洇垄,防止湿度过大。地膜覆盖既能减少土壤水分蒸发,降低棚内空气湿度,又可缩短放风排湿的时间,有利于大棚保温,使棚内土壤温度提高,尤其是夜间土壤温度相对提高。因此,利于瓜苗壮苗,防止发生沤根。

7. 黄瓜霜霉病发病症状有哪些?如何防治?

(1)发病症状 主要表现在叶片上,苗期子叶上出现褪绿点,逐渐呈枯黄色不规则的病斑,在潮湿条件下,子叶背面产生灰黑色霉层,子叶很快变黄枯干。成株期真叶染病,叶缘或叶背面出现水浸状斑点,早晨尤为明显,病斑扩大后受叶脉限制,呈多角形,黄绿色,后变为淡褐色,后期病斑汇合成斑块,甚至成片,全叶干枯,叶向正面卷缩,潮湿条件下,叶背面病斑上生出淡紫色至灰黑色霉层,病叶由下向上发展,严重时全株叶片枯死。

(2)防治方法 黄瓜霜霉病防治,必须认真执行"预防为主、综合防治"的植保方针,在全面搞好节能温室蔬菜栽培无公害病虫害综合防治的各项防治措施的基础上,着重抓好生态防治和化学防治。

第一,选用抗病品种。当前黄瓜新品种中抗霜霉病的主要有:中农4号、中农7号、津优2号、东方明珠等。

第二,与非本科作物实行3年以上轮作,增施有机肥料,合理肥水,调控平衡营养生长与生殖生长的关系,促进瓜秧健壮;要坚持连续、多次喷洒叶面肥,提高黄瓜植株的抗病能力。

第三,生态防治。首先要调控好温室内的温、湿度,要利用温室封闭的特点,创造一个高温、低湿的生态环境条件,控制霜霉病的发生与发展。

温室内,夜间空气相对湿度多高于 90%,清晨拉苫后,要随即开启通风口,通风排湿,降低室内湿度,并以较低温度控制病害发展。9 时后室内温度加速上升时,关闭通风口,使室内温度快速提升至 34℃,并要尽力维持在 33℃～34℃,以高温降低室内空气湿度和控制该病发生。下午 15 时后逐渐加大通风口,加速排湿。覆盖草苫前,只要室温不低于 16℃ 要尽量加大风口,若温度低于 16℃,须及时关闭风口进行保温。放苫后,可于 22 时前后,再次从草苫的下面开启风口(通风口开启的大小,以清晨室内温度不低于 10℃ 为限),通风排湿,降低室内空气湿度,使环境条件不利于黄瓜霜霉病孢子囊的形成和萌发侵染。

如果黄瓜霜霉病已经发生并蔓延开了,可进行高温闷棚处理:在晴天的清晨先通风浇水、落秧,使黄瓜瓜秧生长点处于同一高度,10 时左右,关闭风口,封闭温室,进行提温。注意观察温度(从顶风口均匀分散吊放 2～3 个温度计,吊放高度与生长点同)当温度达到 42℃ 时,开始记录时间,维持 42℃～44℃ 达 2 个小时,后逐渐通风,缓慢降温至 30℃。能较彻底地杀灭黄瓜霜霉病菌与孢子囊。

高温闷棚要注意:高温闷棚只适用于黄瓜植株生长旺盛健壮且略带旺长趋势的棚室里进行。闷棚前 1 天必须浇大水,并适当控制稍高些的夜温,尽量使地温与气温差距不过大。闷棚时温度不能低于 42℃,也不能超过 48℃。放风一定要缓慢加大放风口,缓慢地使室温下降。高温闷棚多杀死分散在黄瓜叶片表面的病菌孢子,而侵入叶片里的病菌孢子则往往得以生存下来。因此,还需要结合用药进行控制,可于闷棚前1天浇水前喷1次霜霉威药剂。另外,在霜霉病暴发时,第一次闷棚后的5天左右还需要进行1次闷棚。这样才可以全面控制棚室的病原菌。

第四,采用补施二氧化碳和配方施肥技术防治。日出后于棚内释放二氧化碳,使棚内二氧化碳含量达到:晴天保持1 000微升/升,阴天保持500~700微升/升,可促使叶片进行光合作用,减少和减轻霜霉病的发生危害。在黄瓜生育后期,植株体内汁液氮、糖含量下降时,宜于叶面喷施0.4%~0.5%尿素加0.2%~0.3%磷酸二氢钾溶液,能迅速增加叶片糖、氮总含量,能显著提高叶片生理抗病能力。

第五,药剂防治。棚内空气湿度较大时,宜采用粉尘剂和烟雾剂;在苗期宜采用烟剂;发病初期宜采用喷雾剂。

喷粉尘剂:选用5%百菌清粉尘剂、10%防霉灵粉尘剂,于棚室内每667米^{2}每次用药1千克。喷粉必须在早晨或傍晚进行,喷前关闭通风口,喷后1小时可打开通风口通风。视病情8~10天喷1次,一般连续喷3~4次。

喷烟雾剂:每667米^{2}用45%百菌清烟剂200~250克熏杀,即在中心病株初现时立即熏烟防治。傍晚闭棚后,将烟剂分为4~5份,均匀置于棚室中间,用暗火点燃,从棚室一头点起,着烟后关闭棚室,熏1夜,翌日早晨通风,隔7日熏1次,视病情决定熏烟次数,一般熏3~5次。

喷洒雾剂:可采用下列药液交替使用,细致喷洒植株:72.2%霜霉威水剂700倍液,或80%三乙膦酸铝可湿性粉剂500倍液加64%噁霜·锰锌可湿性粉剂500倍液,或70%甲霜灵·锰锌500倍液,或5%百菌清可湿性粉剂800倍液,或1:4:600倍铜皂液等,每5~7天1次。可提高植株的抗病性能和防治效果。

8. 黄瓜灰霉病发病症状有哪些？如何防治？

(1) 发病症状 主要危害黄瓜的茎、叶、花、果，造成烂苗、烂花、烂果，潮湿时病部产生灰白色或灰褐色的霉层。病菌多从开败的雌花侵入，致花瓣腐烂，并长出淡灰褐色的霉层，进而向幼瓜扩展，到脐部呈水浸状，花和幼瓜褪色、变软、腐烂、表面密生灰褐色霉状物，受害瓜轻者生长停滞，烂去瓜头，重者全瓜腐烂。烂瓜、烂花上的霉状物或残体落于茎蔓上和叶片上，导致叶片和茎蔓发病。一般叶部病斑先从叶尖发生，初为水浸状，后为浅灰褐色，病斑中间有时产生灰褐色霉层。常使叶片上形成大型病斑，并有轮纹，边缘明显，表面着生少量灰霉。茎蔓发病严重时下部的节腐烂，致使茎蔓折断，植株死亡。

(2) 防治方法 采取生态防治，结合初发期用药防治。药剂防治宜采用烟雾法、粉尘法、喷雾法交替轮换施药技术。

①及时清除田间杂草和病残体 收获后期彻底清除病株残体，土壤深翻 20 厘米以上，将表土遗留的病残体翻入底层，减少棚内初侵染源。苗期、瓜膨大前及时摘除病花、病瓜、病叶，带出大棚、温室外深埋，减少再侵染的病源。

②加强栽培管理 增施的有机肥料都必须在撒施前 2 个月洒水拌湿堆积，盖上塑料薄膜充分发酵腐熟。撒施有机肥料作基肥，深耕翻地 30 厘米，以减少初侵染。在大棚黄瓜定植前 15 天，先于棚内全面喷洒 86.2% 氧化亚铜可湿性粉剂 1 200 倍液后，选择连续 5～7 天的晴朗天气，严闭大棚，高温闷棚，使棚内中午前后的气温高达 60℃ 以上，可杀灭病菌。然后通风降温至 25℃～30℃ 时，起垄定植，地膜覆盖栽培。要整个栽培地面全盖上地膜。在栽培管理上，要加强增光、通风排湿，防止光照太弱、湿度过大。切忌阴天浇水。

③生态防治　在晚秋至早春利于灰霉病发生蔓延的季节里，于棚内北墙面上张挂镀铝反光幕，增加棚内反射光照；勤擦拭棚膜除尘，保持棚膜采光性能良好；设置二氧化碳发生器，上午定时释放二氧化碳，补充棚内二氧化碳的不足。可创造高温和相对低湿的生态环境，抑制病菌孳生蔓延。具体方法：晴日上午适时早揭草苫等保温物，争取增加光照时间，当上午和中午棚内气温升至35℃～40℃，并持续2个小时后再开天窗放风排湿。当棚内气温降至24℃时，关闭通风口，停止通风排湿。下午当棚内气温降至20℃～21℃时覆盖草苫等保温物。如此，棚内空气相对湿度，上午由80%左右降至70%，下午由70%继续降至65%；夜间由70%升至85%。每天棚内气温高于32℃的时间达2～3小时，可有效地抑制病菌孳生蔓延。

④药剂防治　棚室黄瓜在发病初期，宜采用烟雾剂或粉尘剂防治，选用异菌·百菌清烟剂（含百菌清和异菌脲）、腐霉·百菌清烟剂（含百菌清和腐霉利）、45%百菌清烟剂或10%腐霉利烟剂。每667米² 每次用250～350克熏烟4～6小时，7天左右熏1次，连续熏2～3次。也可选用10%氟吗啉粉尘剂、5%百菌清粉尘剂，于傍晚闭棚后喷粉，每667米² 每次用1千克，相隔8～10天喷粉1次，连续与其他防治方法交替使用2～3次。

发病初期开始交替喷施下列农药之一：50%腐霉利可湿性粉剂1 500～2 000倍液，或50%异菌脲可湿性粉剂1 000～1 500倍液，或50%苯菌灵可湿性粉剂1 000倍液，或40%菌核净可湿性粉剂1 000～1 500倍液，或52%乙烯菌核利、86.2%氧化亚铜可湿性粉剂1 200～1 400倍液，或21%氟硅唑乳油400倍液。每隔7～10天喷1次，连续喷2～3次。

9. 黄瓜白粉病发病症状有哪些？如何防治？

(1)发病症状　白粉病，俗称白毛，系常发性病害，但多发生在黄瓜生长的中后期。黄瓜叶片、叶柄、茎均可染病,但多见于叶片。叶片染病,叶正面出现白色圆斑,渐扩大成边缘不明显的大圆斑,严重时布满整个叶片。病斑布白灰,长满白色菌丝,并有很多小黑点。

(2)防治方法

①选用抗病、耐病品种　如中农 201、中农 10 号、津春 3 号、津春 4 号、津优 2 号、郑黄 3 号、东方明珠、津绿 3 号、津绿 4 号等品种,可因栽培茬次和品种的熟性,因地制宜选用。

②加强栽培及肥水管理　增施磷、钾肥,以提高植株的抗病力。注意棚室通风、透光、降湿。

③物理防治　喷洒 27%高脂膜乳剂 80~100 倍液,或巴姆兰乳剂 500 倍液,于发病前或发病初期喷洒于叶片上,形成一层薄膜,既防止病菌侵入,又造成缺氧条件使白粉菌死亡。5~7 天喷 1 次,连续喷 2~3 次。

④药剂防治　用烟剂法防治。在定植前 7~15 天,用硫磺熏烟,每 100 米^3 用硫磺粉 250 克,锯末 500 克掺匀后,分别装入小塑料袋分放在棚室内,将棚室密闭,于傍晚点燃熏烟 1 夜,即可将棚内白粉病菌杀灭。定植后,可用 45%百菌清烟剂,每 667 米^2 每次用 200~300 克,或异菌·百菌清烟剂每 667 米^2 每次用 250~300 克,于傍晚点上暗火,严闭大棚熏烟。

于发病初期开始喷洒 2%武夷菌素水剂 150~200 倍液,或 2%嘧啶核苷类抗菌素水剂 200 倍液。6~7 天喷洒 1 次,连续喷洒 2~3 次,防效达 90%以上。也可选用 20%三唑酮乳油 2 000~3 000 倍液,或 50%硫磺悬浮剂 250 倍液喷雾。6~8 天喷 1 次,交替轮换用药,连续喷洒 3~4 次。

10. 黄瓜白绢病发病症状有哪些?如何防治?

(1)发病症状　主要危害植株近地面茎基部或下部瓜条。茎部受害后,初期呈暗褐色,表面长出辐射状白色菌丝体,边缘明显,高湿时,菌丝蔓延到根部周围或靠近地表的瓜条上。发病后期,病部生出许多菌核,菌核似萝卜籽大小,茶褐色。病部腐烂后,致植株萎蔫或枯死。

(2)防治方法 本病为土传病害,防治以播种前土壤灭菌消毒为主,发病初期药剂喷雾为辅。

①调节土壤酸碱度 结合整地每 667 米² 施消石灰 100～150 千克,把土壤调至中性或偏碱性。

②大量施用充分发酵腐熟的有机肥料 以有机肥与钙镁磷肥混拌后作基肥。

③定植时结合封堰施药土 以 15％三唑酮或 50％甲基立枯磷可湿性粉剂 10 份,加细干土 200 份拌匀,在瓜苗坐水定植时,于封堰之前将药土撒于病部根茎处。或在发现病株时,将药土撒于病部根茎处。

④定植后喷药覆膜 在覆膜之前,喷 20％甲基立枯磷乳油 1 000 倍液,要集中喷淋植株茎基部发病处及周围表土,然后覆盖地膜。刚发现极少数病株时,要及时拔除,集中烧毁,病株处的地面撒上生石灰,以消毒灭菌。如果定植覆盖地膜后发生此病,要往植株茎基处的膜孔下喷淋 20％甲基立枯磷乳油 1 000 倍液,隔 7～10 天喷淋 1 次,连续喷淋 2～3 次。

11. 黄瓜红粉病发病症状有哪些? 如何防治?

(1)发病症状 黄瓜生育后期在叶片上呈暗绿色圆形至椭圆形或不规则形浅褐色病斑,大小为 1～5 厘米,湿度大时边缘呈水浸状,病斑薄易破裂。高湿持续时间长时,病斑上生有浅橙色霉状物,且迅速扩大,致叶片腐烂或干枯。该病病斑比炭疽病大、薄,呈暗绿色,不产生黑色小粒点,区别于炭疽病和蔓枯病。

(2)防治方法

①种子消毒 用 25％多菌灵可湿性粉剂 50 倍液浸种 30 分

钟,倒液阴干后第二天播种。

②加强田间栽培管理 上茬作物拉秧倒茬后,要及时清洁田园。结合深翻地,增施充分发酵腐熟的有机肥料作基肥。起垄定植,地膜覆盖,膜下沟里浇水,适当控制浇水量,减少土壤水分蒸发量。合理密植,及时整枝、绑蔓,搞好通风、透光条件的改善,增强棚室内的光照强度,降低空气湿度,抑制发病。

③药剂防治 重点是在苗期下雨前后和发病初期摘去病叶后施药,每隔 5～10 天用药 1 次,连续防治 3～4 次。发病初期选择交替轮换使用下列药剂之一,用 74％百菌清可湿性粉剂 800 倍液加 70％甲基硫菌灵可湿性粉剂 800 倍液,或 50％苯菌灵可湿性粉剂 1 000 倍液,或 80％福·福锌可湿性粉剂 1 000 倍液,或 72％霜脲·锰锌可湿性粉剂 1 000 倍液,或 70％代森锰锌可湿性粉剂 700 倍液,或 72.2％霜霉威水剂 1 000 倍液。宜在采收前 3～5 天停止用药。

12. 黄瓜花腐病发病症状有哪些? 如何防治?

(1)发病症状 保护地黄瓜和露地黄瓜均可发生花腐病。多从开花期至幼果期开始,而已膨大发育成大果后,很少再发生。在发病初主要表现黄瓜花和幼果发生水浸状湿腐,病花变褐色腐败,病菌从花蒂部(花柄末段处)侵入幼瓜后,向幼瓜上扩展,致病瓜外部逐渐变褐色,表面可见白色茸毛状物,在高湿时可见瓜病部出现黑色针头状物,在高温、高湿条件下病情迅速蔓延,干燥时半个果实变褐色,降低食用价值。

(2)防治方法

①轮作换茬 与非瓜类、非豇豆等作物实行 3 年以上轮作换茬。

②充分施肥育壮苗 增施充分发酵腐熟的有机肥料,采用配方施肥技术,喷施叶面肥,培育壮株,增强抗病性。

③加强棚室温、湿度管理 注意通风排湿,白天应保持温度为23℃～28℃,夜间 13℃～15℃,空气相对湿度 80%。采用起垄定植,地膜覆盖,膜下暗灌,减少土壤水分蒸发,控制棚内空气湿度。浇沟洇垄,控制浇水量,防止积水。避免土壤湿度过大。

④勤擦拭棚膜,增加棚膜透光性 张挂镀铝反光幕,增加棚内反光照,适时早揭晚盖草苫,延长日照时数;整枝吊蔓,改善透光通风条件,及时掐掉残余花瓣和病瓜并深埋,从而创造不利于花腐病菌发生侵染的生态条件。

⑤药剂防治 在花期和幼瓜期开始喷药防治,可选择下列药剂之一交替施用。喷 50%苯菌灵可湿性粉剂 1 500 倍液,或 75%百菌清可湿性粉剂 600 倍液,或 70%代森锰锌可湿性粉剂 500 倍液,或 64%噁霜·锰锌可湿性粉剂 500 倍液,或 50%异菌脲可湿性粉剂 1 000 倍液,或 60%多菌灵超微可湿性粉剂 800 倍液。每667 米² 每次喷洒对好的药水 50～80 升,隔 8～10 天喷洒 1 次,连续防治 2～3 次。采收前 3～5 天停止用药。

13. 黄瓜黑斑病发病症状有哪些? 如何防治?

(1)发病症状 主要危害叶片,多从下而上发病,最后剩下顶部几片绿叶;病株似火烤状。病斑初为褐绿色圆形病斑,后为边缘呈黄绿色和黄褐色,中间黄白色,病斑上面可见黑褐色霉状物。叶面病斑稍隆起,表面粗糙。叶背面病斑处呈水浸状,湿度大时可产生黑霉层。有时病斑扩展连接成大病斑,严重的叶肉组织枯死,叶缘向上卷起,叶片焦枯,但不脱落。本病有日趋严重趋势。此病发生在结瓜初期。若防治不及时,往往造成减产。

(2)防治方法

①选用无病种瓜留种 播种前对种子药剂消毒灭菌。

②轮作倒茬 实行与非葫芦科作物 2～3 年轮作。

③增施安全的有机肥料　所施有机肥料都应经过充分发酵腐熟，实行配方施肥，提高植株抗病力。

④高垄栽培　浇沟洇垄，控制浇水量，严防大水漫灌。

⑤药剂防治　药剂防治黄瓜黑斑病的技术关键在于在发病前和发病初期及时用药。

棚室保护地黄瓜于发病初期采用粉尘法和烟雾法防治。喷粉法防治：于傍晚喷撒 5％百菌清粉尘剂。每 667 米² 每次用 1 千克。烟熏法：于傍晚喷洒 45％百菌清烟剂每 667 米² 每次 250～300 克，隔 7～9 天，视病情连续或与粉尘剂交替轮换使用。

露地黄瓜于发病初期喷洒下列药剂之一：选用 75％百菌清、40％克菌丹、80％代森锰锌可湿性粉剂 500～600 倍液，或 40％三乙膦酸铝可湿性粉剂 250 倍液，或 50％异菌脲可湿性粉剂 1 500 倍液，或 30％多·福可湿性粉剂 800 倍液，或 72.2％霜霉威水剂 800～1 000 倍液。7～9 天喷 1 次，交替轮换用药，连喷 3～4 次。

14. 黄瓜斑点病发病症状有哪些？如何防治？

(1)发病症状　主要危害生育后期下部叶片，叶片病斑初呈水渍状斑，后变淡褐色，中部色较淡逐渐干枯，周围具水渍状淡绿色晕环，病斑直径 15～20 毫米，后期病斑中部呈薄纸状，淡黄色或灰白色，容易破碎。病斑上有少数不明显的小黑点，湿度大时小黑点多。

(2)防治方法

①轮作换茬　实行与非本科作物 3 年以上轮作换茬，实行水旱轮作。

②育苗移栽　选择排灌方便的地块，播种前收获后，清除田间杂草，深翻地灭茬，促使病残体分解，减少病源和虫源。育苗营养土要用无菌土，营养土要提前晒 3 周以上。采用配方施肥技术，起垄定植，覆盖地膜，控制浇水，降低空气湿度。减少病原传播途径。

③加强瓜田中后期管理　尤其重视追施钾肥和有机复合锌肥。

④药剂防治　发病初期及时喷洒以下药剂之一：50％甲基硫菌灵可湿性粉剂 500 倍液加 75％百菌清可湿性粉剂 700 倍液，或70％代森锰锌可湿性粉剂 1 500 倍液，或 50％苯菌灵可湿性粉剂500～600 倍液。7～10 天喷 1 次，交替轮换用药，连续防治 2～3次。

15. 黄瓜枯萎病发病症状有哪些？如何防治？

(1)发病症状　多在开花结果后陆续发病，被害株最初表现为部分叶片或植株的一侧叶片中午萎蔫下垂，似缺水状，早、晚可以恢复，以后萎蔫叶片不断增多，逐渐遍及全株，早、晚不能复原，并很快枯死。病株主蔓基部纵裂，纵切病茎，可见维管束变褐。茎基部、节和节间出现黄褐色条斑，常有黄色胶状物流出，潮湿时病部表面产生白色至粉红色霉层。病株易被拔起。

(2)防治方法　对本病的防治应以农业综合防治为主，药剂防治为辅。

①选用抗病品种　采用中农 5 号、中农 8 号、中农 11 号、津研5 号等抗枯萎病品种。

②选用无病新土育苗　采用营养钵或塑料套分苗。

③轮作换茬　避免连作是防治黄瓜枯萎病的重要措施。最好是与非瓜类作物实行 5 年以上的轮作。

④嫁接栽培　采用黑籽南瓜或南砧 1 号为砧木，以优良黄瓜品种作接穗嫁接，栽培嫁接苗，是防治瓜类蔬菜枯萎病和根结线虫的最有效方法，尤其是在大棚内连作黄瓜的情况下，采用嫁接苗，防治枯萎病效果达 99％以上。

⑤种子消毒　用 55℃～60℃温水浸种 10 分钟，再用 50％多菌灵可湿性粉剂 500 倍液、云大禾富 2000 倍液浸种 1 小时，用

40％甲醛 150 倍液浸种 1.5 小时,然后用清水冲洗干净,再催芽播种,或用 70℃恒温灭菌 72 小时后再播种。

⑥苗床灭菌和土壤消毒 用无病新土和经过充分腐熟的有机肥料配制营养土,使用营养钵育苗,既可减少染菌,又减少伤根。具体使用方法:每平方米畦面施 50％多菌灵可湿性粉剂 8 克,将药剂与 8 千克细干土混拌匀(即对细干土 1 000 倍),播种前撒铺 1/3,播种后撒盖 2/3。对细干土要适量,以防产生药害。或每 667 米^{2}用氯溴异氰尿酸水溶性粉剂 40 克,对水 60～80 升喷淋苗床土壤。用 50％多菌灵可湿性粉剂每 667 米^{2}4 千克,混入细干土拌成药土,施于定植穴内,并与穴内土壤混匀,然后定植浇水。

⑦加强栽培管理 培土不可埋过嫁接切口,栽前多施基肥,采根瓜后应适当增加浇水,盛瓜期小水勤浇,少量多次,每 667 米^{2}每次追施 8～10 千克芭田蓝复合肥,促进植株健壮生长,推迟黄瓜结瓜时间。

⑧药剂防治 必须掌握早喷药防治,发病初期交替轮换施用下列药剂之一灌根。发病初期用 50％咪鲜胺可湿性粉剂 800 倍液,或 60％唑醚代森联可分散粒剂 1 500 倍液,或 43％戊唑醇悬浮剂 3 000 倍液,或 25％吡唑醚菌酯乳油 3 000 倍液,或 50％多菌灵可湿性粉剂 500 倍液,或 10％苯醚甲环唑可分散粒剂 1 500 倍液,或 70％甲基硫菌灵可湿性粉剂 400 倍液,或 10％混合氨基酸铜水剂 300 倍液,或嘧啶核苷类抗菌素 100 倍液灌根,每株灌 0.25 千克药液,每隔 5～7 天灌 1 次,连灌 2～3 次。

16. 黄瓜细菌性角斑病发病症状有哪些?如何防治?

(1)发病症状 主要危害叶片、叶柄、卷须和果实,苗期至成株期均可受害。幼苗期子叶染病,开始产生近圆形水浸状凹陷斑,以后变褐色干枯。成株期叶片上初生针头大小水浸状斑点,病斑扩大受叶脉限制呈多角形,黄褐色,湿度大时,叶背面病斑上产生乳白色黏液,干后形成一层白色膜,或白色粉末状物,病斑后期质脆,易穿孔。茎、叶柄及幼瓜条上病斑水浸状,近圆形至椭圆形,后呈淡灰色,病斑常开裂,潮湿时瓜条上病部溢出菌脓,病斑向瓜条内部扩展,沿维管束的果肉变色,一直延伸到种子,引起种子带菌。病瓜后期腐烂,有臭味,幼瓜被害后常腐烂、早落。

(2)防治方法

①选用耐病品种 选用津研 2 号、津研 6 号、中农 5 号等耐病品种。

②从无病瓜上采种 避免从疫区引种或从病株上采种。对种子进行消毒处理。瓜种可用 70℃恒温箱干热灭菌 72 小时,或用 50℃温水浸种 20 分钟,捞出晾干后催芽播种;还可用 40%甲醛 150 倍液浸种 90 分钟,或用 100 万单位硫酸链霉素 500 倍液浸种 2 小时,冲洗干净后催芽播种。

③加强栽培防病,无病土育苗,重病田与非瓜类作物实行 2 年以上的轮作 生长期及时清除病叶、病瓜,收获后清除病残株,深埋或烧毁。在保护地棚室要适时掌握浇水和及时放风排湿,控制和降低棚室内土壤和空气湿度。

④药剂防治 于发病初期选择下列药剂之一,交替轮换施药喷雾。土霉素·链霉素 5 000 倍液,或 30%琥胶肥酸铜可湿性粉剂 500 倍液,或 60%琥铜·乙磷铝可湿性粉剂 500 倍液,或 77%氢氧化铜可湿性粉剂 400 倍液,或 47%春雷·王铜可湿性粉剂 800 倍液,或 12%松脂酸铜乳油 300 倍液,或 70%琥铜·甲霜灵可湿性粉剂 600 倍液,每隔 7~10 天喷 1 次,连续喷 3~4 次。铜制剂使用过多易引起药害,一般不超过 3 次。喷药须仔细地喷到叶片正面和背面,可以提高防治效果。

17. 黄瓜细菌性缘枯病发病症状有哪些? 如何防治?

(1)发病症状 主要危害叶片、叶柄、茎、卷须、果实。叶片受害后,出现暗绿色水浸状小斑,后产生淡褐色病斑;严重时出现楔形水浸状大斑;叶柄、茎、卷须侵染后的病斑呈褐色水浸状。果实受害后,果梗上产生褐色水浸状病斑,果实黄化脱水呈木乃伊状。湿度过大,病斑上溢出菌脓,有臭味。

(2)防治方法 同黄瓜细菌性角斑病的防治方法。

18. 黄瓜细菌性叶枯病发病症状有哪些? 如何防治?

(1)发病症状 主要危害叶片。叶片染病后,呈褪绿色圆形小斑点,病斑随后逐渐扩大,出现近圆形或多角形的褐色斑点,叶片周围呈褪绿色晕环,背面无菌脓,这是与细菌性角斑病的区别点。病情严重时,全株叶片干枯,此病在其他瓜类上的症状与黄瓜相似。

(2)防治方法 ①严格进行种子检疫,禁止在病区留种或调种,采用无病区选种。②与作物实行 3 年以上轮作,彻底清除病株和发现此病及早进行彻底防治。③种子消毒和药剂防治方法,参见黄瓜细菌性角斑病。

19. 黄瓜细菌性萎蔫病发病症状有哪些? 如何防治?

(1)发病症状 该病主要危害叶片和茎蔓。叶片染病后,呈暗绿色水浸状病斑,茎部侵染后,茎部分变细且呈水浸状,受害部位以上的茎蔓和枝杈及叶片先出现萎蔫,3 天后全株凋萎死亡。剖开茎蔓用手捏挤维管束的横断面可溢出白色菌脓,导管一般不变色,根部也未见腐烂,以别于镰刀菌引起的枯萎病。

(2)防治方法

①选用抗病品种 选用中农 13 号、中农 5 号等抗细菌性病害的品种。

②从无病植株上选留瓜种 播种前对黄瓜种子消毒灭菌处理或药剂处理种子;无病土、无病害的肥料作育苗和保护地定植栽

培;与非瓜类作物实行 2 年以上轮作;施用的有机肥料都要经过高温堆积充分发酵腐熟;前茬作物采收拉秧倒茬后,要清除残枝败叶等,以减少此病发生。

③药剂防治　发病初期喷洒下列药剂之一,并掌握交替轮换用药。50%琥胶肥酸铜可湿性粉剂 500 倍液,或 50%琥铜·甲霜灵可湿性粉剂 600 倍液,或 60%琥铜·乙磷铝可湿性粉剂 500 倍液,或 86.2%氧化亚铜可湿性粉剂 1 000～1 400 倍液,或 77%氢氧化铜可湿性粉剂 500 倍液,或 47%春雷·王铜可湿性粉剂 800～1 000 倍液可兼治霜霉病。21%氟硅唑乳油 400～500 倍液,可兼治灰霉病、菌核病、白粉病等。用 72%农用链霉素可溶性粉剂 3 000 倍液,或 23%络氨铜水剂 500 倍液 7～10 天喷 1 次,连续喷治 2～3 次。在采收之前 3 天停止用药。

20. 黄瓜细菌性圆斑病发病症状有哪些? 如何防治?

(1)发病症状　该病主要侵染叶片,叶柄、幼茎和瓜条。叶片受害后,出现黄化,叶背面呈黄色至褐黄色水浸状圆形小斑点,病斑中间半透明,叶片四周出现黄色晕环,无菌脓。幼茎染病后,茎部开裂。果实受害后,呈圆形灰色斑点,并出现黄色干菌脓,似痂斑,影响黄瓜商品性。

(2)防治方法

①种子消毒　播种前对黄瓜种子消毒灭菌处理:可用 55℃温水浸种 15 分钟,或用 50℃温水浸种 30 分钟,捞出晾干后催芽播种。或用 10%磷酸三钠溶液浸种 20 分钟后,用清水淘洗净后再浸泡 3～4 小时,捞出淋干后置于 25℃～30℃条件下催芽后播种。

②加强栽培管理,轮作换茬　与非瓜类作物实行 3 年以上轮作,选用无病土育苗和保护地定植前熏蒸消毒,以高温和药剂杀灭棚内和土壤中的细菌,以减少此病害发生。培育壮苗,选无病、无虫弱苗进行定植。施用的沤肥等有机肥料都要经过充分发酵腐

熟。要及时清除上茬作物残枝病叶。合理施肥和浇水,棚室栽培要高垄栽培,覆盖地膜。特别是越冬茬栽培,要加强保温、保湿。防止湿度过大,夜温低,易于病害传播。要加强棚室放风管理,根据气候情况适时掌握通风量和通风时间。

③药剂防治　于发病初期选择喷洒下列药剂之一,并掌握交替轮换用药。50%琥胶肥酸铜可湿性粉剂 600 倍液,或 50%琥铜·甲霜灵可湿性粉剂 500 倍液,或 60%琥铜·乙磷铝可湿性粉剂 600 倍液,或 86.2%氧化亚铜可湿性粉剂 1 200 倍液,或 77%氢氧化铜可湿性粉剂 600 倍液,或 47%春雷·王铜可湿性粉剂 800 倍液可兼治霜霉病。用 21%氟硅唑乳油 400～500 倍液,或 72%农用链霉素 2 500 倍液,可兼治灰霉病、菌核病、白粉病等。每 7～10 天喷 1 次,连续喷治 2～3 次。此外,还可喷洒波尔多液。在采收之前 3 天停止用药。应特别注意选用防水、防雾、防老化的棚膜和加强大棚的通风排湿管理。

21. 黄瓜叶点霉叶斑病发病症状有哪些? 如何防治?

(1)发病症状　该病多发生在植株结瓜后期。发病初期,叶片染病后呈水浸状斑,逐渐干枯;后期呈浅黄色薄纸状,病斑易破碎,并密生小黑点。

(2)防治方法

①**农业防治,合理轮作换茬**　与非葫芦科作物实行 3 年以上轮作。对上茬作物拔秧后,要彻底清除病株残叶、集中深埋或烧毁。增施充分发酵腐熟的厩肥等有机肥料,对棚室和土壤进行熏蒸消毒,培育无病壮苗。采用配方施肥技术。在生长后期进行叶面喷施叶面肥,促进植株生长后期的健壮生长,增强植株抗病性。采用高垄栽培和膜下暗灌,主要控制好棚室内光照和湿度,创造有利于黄瓜生长、防止后期早衰和不利于病害发生的生态条件。

②**药剂防治**　发病初期及时喷雾防治,选用 75%百菌清可湿

性粉剂 500 倍液,或 64％噁霜·锰锌可湿性粉剂 600 倍液,或 70％代森锰锌可湿性粉剂 700 倍液,或 50％异菌脲可湿性粉剂 1 300倍液。采收前 5 天停止用药。

22. 嫁接黄瓜根腐病发病症状有哪些? 如何防治?

(1)发病症状　嫁接后黄瓜苗生长正常,从根瓜至结瓜盛期陆续开始发病,发病初期晴天中午叶片萎蔫,且逐渐向上扩展,造成黄瓜生长不良。用作砧木的南瓜茎基部呈水浸状变褐色腐烂,导致全株枯死。发病轻的植株,南瓜和黄瓜的根维管束不变色,但细根变褐且腐烂,主根、侧根均呈褐色,严重的根部全部为深褐色,而后细根基部发生纵裂,在纵裂中间出现白色的黑带状菌丝。

(2)防治方法

①高温闷棚消毒　在冬暖塑料大棚内设置苗床(根砧苗床、接穗苗床、嫁接苗栽植苗床)建好后,在播种前选择连续晴日,严闭大棚,高温闷棚 3～5 天,使棚内中午前后土壤温度达 40℃～50℃,空气温度高达 60℃,可有效杀灭病菌。有报道:此病菌在土壤中,当地温 38℃～40℃时经 24 小时死亡,在 42℃时需经 6 小时死亡,48℃～51℃时只需 10 分钟即可死亡。故此,高温闷棚对棚内苗床消毒灭菌的效果良好。

②增施腐熟的有机肥料　不论是苗床所施有机肥料或是冬暖大棚保护地所施有机肥料,都要经过充分发酵腐熟。还可利用酵素菌沤制堆肥,施用绿丰生物肥和采用配方施肥技术,减少氮素化肥施用量,都可减少病原菌侵染,增强植株抗病力,有效抗病。

③药剂防治　发病初期用药水灌根,每株灌对好的药水 250 毫升。常用的有效配方是:70％甲基硫菌灵可湿性粉剂 1 000 倍液加 72％农用链霉素可溶性粉剂 3 000 倍液,再加上"克旱寒"500 倍液。防治此病的关键在于早灌药水,在发病初期用对好的药液灌病株,7～8 天灌 1 次,连续灌 2 次。防效可达 98％以上。尤其

是当棚内发现拟茎点霉根腐病零星病株时,就要对全棚所有植株都灌 1 遍药水,可起到预防此病发生蔓延的作用。

23. 黄瓜菌核病发病症状有哪些? 如何防治?

(1)发病症状 苗期至成株期均可发病,以距地面 5~30 厘米发病最多,主要危害瓜和茎蔓。幼苗发病时在近地面幼茎基部出现水浸状病斑,很快病斑绕茎一周,幼苗猝倒。瓜被害脐部形成水浸状病斑,软腐,表面长满棉絮状菌丝体,最后产生黑色菌核。茎蔓部被害,开始产生褐色水浸状病斑,后逐渐扩大呈淡褐色。高湿条件下,病茎软腐;长出白色棉絮状菌丝体,茎表皮和髓腔内形成坚硬菌核,植株枯萎。

(2)防治方法

①**农业防治** 水旱轮作或病田夏季泡水浸 15 天,或收获后及时深翻 20 厘米。采用测土配方施肥,增强植株抗病力。

②**物理防治** 播种前用 10％盐水浸种 2~3 次,以清除菌核。

③**种子和土壤消毒** 50℃温水浸种 30 分钟,或播前用 40％五氯硝基苯配成药土,每 667 米² 用药 1 千克,加细土 15~20 千克,施药土后播种。

④**生态防治** 棚室上午以提温为主,下午及时通风排湿。早春白天温度控制在 28℃~30℃,空气相对湿度低于 65％,浇水量要小,避免土壤湿度过大。

⑤**药剂防治** 若棚室发病,可采用熏烟和喷粉法防治,用 10％腐霉利烟剂或 45％百菌清烟剂,每 667 米² 每次施用 250 克,熏 1 夜,隔 8~10 天 1 次,连续交替防治 3~4 次。或喷洒 5％百菌清粉尘剂,每 667 米² 每次施用 1 千克,或发病初期用 50％腐霉利可湿性粉剂 1 500 倍液,或 50％异菌脲可湿性粉剂 1 500 倍液,或 43％戊唑醇悬浮剂 3 000 倍液,或 50％乙烯菌核利水分散粒剂 1 000 倍液,或 40％菌核净可湿性粉剂 800 倍液喷雾,以上药剂与

天达 2116 混配使用,效果更佳。7～10 天喷 1 次,连续喷 2～3
次,也可用 50％腐霉利可湿性粉剂 50 倍液涂抹发病部位。

24. 黄瓜炭疽病发病症状有哪些? 如何防治?

(1)发病症状 黄瓜从幼苗到成株皆可发病,幼苗发病,多在
子叶边缘出现半椭圆形淡褐色病斑,上有橙黄色点状胶质物。茎
部发病,近地面基部变黄褐色,渐细缩,后折倒。叶片染病,病斑近
圆形,直径 4～18 毫米,灰褐色至红褐色,严重时,叶片干枯。茎蔓
与叶柄染病,病斑椭圆形或长圆形,黄褐色,稍凹陷,严重时病斑连
接,绕茎一周,植株枯死。瓜条染病,病斑近圆形,初为淡绿色,后
呈黄褐色,病斑稍凹陷,表面有粉红色黏稠物,后期开裂。

(2)防治方法

①农业防治,选用抗病品种 对种子进行温汤浸种,并用
50℃温水浸种 30 分钟,或用 55℃～60℃温水浸种 10～15 分钟,
清水冲洗干净后催芽。与非葫芦科作物实行 2 年以上轮作。对苗
床进行土壤消毒,减少土壤初传染。采用地膜覆盖,膜下暗灌,降
低棚室湿度。使棚内空气相对湿度保持在 70％以下,减少叶面结
露和吐水。适当增加磷、钾肥以相对提高植株抗病性,推迟黄瓜持
续结果期。及时摘除病株下部老、黄叶,清除田间杂草,采收应在
早晨无露水时进行,以减少人为传播蔓延。

②药剂防治 发病初期喷洒 50％异菌脲可湿性粉剂 1 000 倍
液,或 50％腐霉利可湿性粉剂 1 000 倍液,或 70％甲基硫菌灵可湿
性粉剂 600～800 倍液,或菌核净可湿性粉剂 600～800 倍液,或乙
霉威可湿性粉剂 600 倍液,或 40％嘧霉胺悬浮剂 1 200 倍液,或
65％甲霉灵可湿性粉剂 1 000～1 500 倍液,或 65％甲硫·乙霉威
可湿性粉剂 1 000 倍液。

如遇阴天,塑料棚或温室采用烟雾法。可用 5％乙霉威粉尘
剂喷粉,每 667 米² 温室 1 000 克。隔 9～11 天熏 1 次,连续或与

其他药剂交替使用,也可于傍晚喷洒 5% 百菌清粉尘剂,每 667 米² 每次施用 1 千克。

25. 黄瓜病毒病发病症状有哪些?如何防治?

(1)发病症状

①花叶病毒病　幼苗期感病,子叶变黄枯萎,幼叶为深浅绿色相间的花叶,植株矮小。成株期感病,新叶为黄绿相间的花叶,病叶小、皱缩,严重时叶反卷变硬发脆,常有角形坏死斑,簇生小叶。病果表面出现深浅绿色镶嵌的花斑,凹凸不平或畸形,停止生长,严重时病株节间缩短,不结瓜,萎缩枯死。

②皱缩型病毒病　新叶沿叶脉出现浓绿色隆起皱纹,叶型变小,出现蕨叶、裂片;有时沿叶脉出现坏死。果面产生斑驳,或凹凸不平的瘤状物,果实变形,严重病株引起枯死。

③绿斑型病毒病　新叶产生黄色小斑点,以后变淡黄色斑纹,绿色部分呈隆起瘤状。瓜条染病后,表现深绿与浅绿相间疣状斑块,黄瓜表面凹凸不平或畸形。

④黄化型病毒病　中、上部叶片在叶脉间出现褪绿色小斑点,后发展成淡黄色,或全叶变鲜黄色,叶片硬化,向背面卷曲,叶脉仍保持绿色。

(2)防治方法

①选用抗病品种　如中农 4 号、中农 6 号、津春 3 号、津春 4 号等抗病毒和耐病毒品种。

②在无病区或无病植株上留种　播种前用 55℃ 温汤浸种 15 分钟,或把种子在 70℃ 恒温下处理 72 小时。

③种子消毒　用 10% 磷酸三钠溶液浸种 20 分钟后,用清水淘洗净后再泡种 3～4 小时,捞出后置于 25℃～30℃ 条件下催芽后播种。

④根据当地栽培茬口进行适时定植,培育无病苗 采用育苗移栽,可防止少伤根。秋冬茬黄瓜育苗时,苗床上覆盖遮阳网和防虫网,既防止烧苗,又防止翅蚜等昆虫侵入为害幼苗,避免传播病毒病。秋冬茬大棚黄瓜定植后,顶风口和下风口处都要设置防虫网,防止病毒媒介飞入棚内。越冬茬黄瓜应于当地初霜后 12 天左右定植。早春茬黄瓜定植应于晚霜期 1 个月之前。适期定植可防止病毒传播。

⑤加强栽培管理 高垄定植,覆盖银灰色地膜;采用配方施肥技术,促进黄瓜植株健壮生长,增强抗逆性;不论是保护地还是露地栽培都要及早防治蚜虫、白粉虱等病毒媒介昆虫传播,避免因其他病虫害危害而传播病毒病。

⑥药剂防治 于发病初期开始喷洒下列药剂之一,并交替轮换喷施不同的药剂:10％三氮唑核苷可湿性粉剂 800～1 000 倍液,或宁南霉素水剂 500 倍液,或 0.5％菇类蛋白多糖水剂 300 倍液,或 20％盐酸吗啉胍·铜可湿性粉剂 500 倍液,或混合脂肪酸 100 倍液,或 6.5％菌毒清水剂 800 倍液等在定植后、初果期、盛果期各喷施 1 次。收获前 5 天停止用药。

26. 黄瓜黑星病发病症状有哪些？如何防治？

(1)发病症状 黄瓜各个生育期均可发病,其中嫩叶、嫩茎、幼瓜易感病,真叶较子叶敏感,出苗后,子叶受害,产生黄白色近圆形斑。发展引致全叶干枯。嫩茎发病,初现水浸状或暗绿色梭形斑,后变暗色,凹陷龟裂,湿度大时长出黑色霉层,穿孔开裂呈星状。生长点附近叶染病后,3 天内腐烂,造成无龙头。果实染病呈暗绿色椭圆形斑,先出现半透明胶状物,后变琥珀色,呈疮痂状,停止生长,形成畸形瓜,影响黄瓜经济效益和商品性。

(2)防治方法

①加强检疫,选无病种子　严禁在病田或病区调种,做到种子无病。采用带病种子进行消毒处理。可用 50℃温水浸种 30 分钟后,或 55℃～60℃温水浸种 15 分钟,取出冷却后拌种,可用 0.4%的 50%多菌灵可湿性粉剂 700 倍液浸泡种子 1 小时,然后用清水冲洗后播种。

②加强栽培管理　覆盖地膜,采用滴灌技术,轮作倒茬。与非瓜类作物轮作 2 年以上。施入充分腐熟有机肥作基肥,增施磷、钾肥,培育壮苗,合理浇水,做好生态防治,增强植株抗病性。冬季棚室气温低要加强保温、防湿为主。白天温度保持在 28℃～30℃,夜间 15℃左右,空气相对湿度低于 90%,增加光照,促进黄瓜健壮生长。对棚室保护地要进行熏蒸消毒。方法是在棚室定植前 10 天,每立方米空间用硫磺 2.4 克和锯末 4.5 克拌均匀后,分放 4～5 处点燃,闭棚熏 1 夜。栽培时要起垄定植,覆盖地膜,降低棚内空气和土壤湿度。合理密植,适当去掉老叶,并注意大棚增光和通风。清除棚内病残体,带出棚外集中烧毁。

③药剂防治　发病初期喷 50%多菌灵可湿性粉剂 1 000 倍液加 70%代森锰锌可湿性粉剂 1 000 倍液,或 50%异菌脲可湿性粉剂 1 000 倍液,或 50%甲硫·乙霉威可湿性粉剂 700 倍液,或 25%氟硅唑(杜邦新星)9 000～10 000 倍液。每 667 米^2 每次喷洒药液60 千克,7～10 天喷 1 次,除杜邦新星在黄瓜生长中只能喷 2 次,其他药剂均可交替使用,连续防治 3～4 次。

27. 黄瓜疫病发病症状有哪些？如何防治？

(1)发病症状　黄瓜整株整个生育期都可发病。主要危害茎基部、叶片及果实。幼苗染病多发生于嫩尖处。初呈暗绿色水渍状萎蔫,随后逐渐干枯。成株发病多发生茎基部或嫩茎节部,出现暗绿色水渍状,而后缢缩非常明显,甚至叶片萎蔫或全株枯死。叶片染病呈圆形或不规则形水浸状大病斑,干燥时呈青白色,易破裂,病斑扩展到叶柄时,叶片下垂。瓜条或其他部位染病,初为水浸状暗绿色,逐渐缢缩凹陷。湿度大时表面长出稀疏白霉,且腐烂快,发出腥臭味。

(2)防治方法

①农业防治　选用抗病品种,采用嫁接防病,可防疫病与枯萎病等土传性病害,苗床用25%甲霜灵可湿性粉剂,每平方米用8～10克与适量细土拌匀撒在苗床上。采用配方施肥技术,与非瓜类作物实行5年以上轮作。覆盖地膜防止病菌侵染。加强田间管理,采用高畦栽植。在苗期控制浇水,进入结瓜盛期要及时浇水,严禁雨前浇水。生产上要做到及时检查,发现病株,拔除深埋。

②土壤和种子消毒　保护地大棚移栽前用25%甲霜灵可湿性粉剂700倍液喷淋地面。25%甲霜灵可湿性粉剂800倍液浸种30分钟后放入28℃～30℃条件下进行催芽。

③药剂防治　在雨季来之前先预防,雨后发现中心病株及时拔除后,立即用70%乙铝·锰锌可湿性粉剂500倍液,或72.2%霜霉威水剂600～700倍液,或50%琥铜·甲霜灵可湿性粉剂600倍液进行喷洒或灌根。隔7～10天1次,根据病情变化进行防治,连续防治3～4次。

28. 黄瓜褐斑病发病症状有哪些? 如何防治?

(1)主要症状　黄瓜褐斑病又称黄点病,该病主要危害黄瓜叶片,一般在黄瓜结瓜盛期开始发病,中下部叶片先发病,逐渐向上部叶片发展。多数病斑的扩展受叶脉限制。呈不规则形或多角形,病斑先呈浅褐色后变褐绿色。有的病斑中部呈灰白色至灰褐色,病斑上生有黑色霉状物,严重时叶片枯死。

(2)防治方法

①农业防治　彻底清除上茬病残体,减少初侵染源,与非瓜类

作物实行 3 年以上轮作,选用抗病品种,种子进行消毒、土壤消毒、培育无病壮苗,采用配方施肥,施充分腐熟有机肥,加强栽培管理,加强棚室湿度管理,注意放风排湿,改善通风透气性。

②药剂防治　发病初喷洒 50％多菌灵可湿性粉剂 500 倍液,或 75％百菌清可湿性粉剂 700 倍液。保护地棚室可选用 45％百菌清烟剂熏烟,每 667 米² 施用 250 克,或喷洒 5％百菌清粉尘剂,每 667 米² 施 1 千克,隔 7～9 天 1 次,连续 2～3 次。也可根据病情变化掌握喷洒次数。

29. 黄瓜蔓枯病发病症状有哪些?如何防治?

(1)发病症状　病斑在叶边缘呈半圆形,由外缘向中心发展,叶中部也易发生,病斑后期较大,浅褐色至黄褐色,上生许多黑色小点,晚期易破裂。茎部初呈油浸状,近圆形或梭形灰褐色至黄褐色。湿度大时,茎节腐烂变黑易折断。干燥时病部变黑易折断。干燥时病部表面龟裂。干枯褐色或红褐色密生小黑点。花后呈干腐状腐烂,病斑呈黑褐色,后期烂瓜上长出小黑点。

(2)防治方法

①农业防治　实行 3 年以上轮作换茬。对前茬作物及时清除病株,集中深埋或烧毁。应选留无病株种子,种子进行消毒、土壤消毒、培育无病壮苗,采用配方施肥,施充分腐熟有机肥,加强栽培管理,防止湿度过高,以防病害传播和流行。

②药剂防治　发病初进行全株用药喷洒 75％百菌清可湿性粉剂 600 倍液,或 40％氟硅唑乳油 8 000 倍液,每隔 3～4 天 1 次,连防 2～3 次。

30. 黄瓜根腐病发病症状有哪些?如何防治?

(1)主要症状　主要危害根茎部,初呈水浸状,随后根茎部腐烂处的维管束变褐,不向上发展,以别于枯萎病。后期病部维管束呈丝状。地上部初期症状不明显,后期叶片中午萎蔫,早、晚尚能恢复,数日后多数萎蔫枯死。

(2)防治方法

一是与不同科作物实行 3 年以上轮作换茬。

二是采用高畦栽培,深翻细耙整平,防止大水漫灌及雨后田间积水。

三是苗期发病要及时中耕松土,增强土壤通透性。发病初期喷施 50％甲基硫菌灵可湿性粉剂 500 倍液或 50％多菌灵可湿性粉剂 500 倍液,也可配制药土撒施在根茎处。

31. 黄瓜真滑刃线虫病发病症状有哪些? 如何防治?

(1)发病症状　黄瓜发病初期症状不明显,随后根部褐色腐烂,地上部失水枯萎。随着发病时间延长、线虫数量增多,会出现全株生长不良,似缺水或缺肥症状,植株对不良环境条件的抵抗力较弱,易造成其他病害发生蔓延。

(2)防治方法　除参照黄瓜根结线虫病的 5 条防治方法外,对棚室保护地发生根结线虫病严重地块,进行土壤药剂消毒,合理轮作换茬,前茬可种植葱、韭、蒜、辣椒这 4 种对根结线虫免疫的作物。

32. 黄瓜根结线虫病发病症状有哪些? 如何防治?

(1)发病症状　主要发生于根部,侧根或须根等部位染病后产生瘤状大小不等的根结。在根结处长出细弱的新根,使寄主再度染病,继续形成根结。把根结解剖开,可观察到根结内部有很多乳白色线结样的线虫。由于根的导管被阻,严重影响其对养分及水分的吸收利用,造成植株生长迟缓,叶片小而黄,中午前萎蔫,轻病植株症状不明显,重病植株生长发育不良,结瓜受到影响,发病严重时全田病株枯死。

(2)防治方法

①清洁田园 及时清除前茬作物的残枝病叶和田间杂草,集中深埋或烧毁。在建造大棚或温室时应选无病地块。

②利用夏季高温季节,采用高温闷棚方法,杀灭线虫 结合深耕暴晒,结合扣棚,利用高温杀灭部分线虫或冬季晾垡冻死越冬虫体。或巧妙地利用大棚黄瓜的栽培闲置时间,连续浇水,保持地面3厘米左右的水层5～7天,能明显抑制线虫的发生危害,减少虫口密度。或高温闷棚结合施药,杀灭线虫。具体方法是:先将棚内地深耕、耙平,使土壤疏松,然后开沟起垄做畦,每垄按所定植行的位置开沟15～20厘米深,每667米² 施入80%灭线威5～6千克施入药后盖土。全棚施药完毕,严闭大棚,利用连续3～5天晴天高温闷棚,使棚内土壤温度达50℃～55℃,药剂加高温,杀灭线虫效果更好。高温闷棚后,通风降温,使棚内温度降至适宜黄瓜生育的温度,即可定植黄瓜。但应注意严禁灭线威粉剂与黄瓜苗直接接触,也不可对水喷洒,以防对黄瓜有药害。土壤处理措施。可用98%棉隆作熏蒸剂,轻的每667米² 用量3千克左右,重者5～8千克,均匀施于地面,翻土30厘米深,浇水后盖膜,地温在6℃～25℃,熏15天左右,去膜通气,通过毒气熏蒸杀死线虫。采用这种方法应注意在播前7天操作,以便让气体挥发后在棚内播种或定植,避免人、畜中毒。

③药剂防治 黄瓜生长期间线虫危害,用50%辛硫磷乳油1 000倍液进行灌根,可收到明显的防治效果。

④培土促根 对发病植株根部要采用多次培土法,促使茎基部未遭受危害的主根早日生出新的次生根,并加强肥水管理,可尽快恢复长势。

⑤对连年栽培老棚室发生线虫危害的,可采用彻底换土 采取棚内耕层之下铺塑料薄膜,灌水种藕,杀灭线虫效果较好。

33. 如何区分黄瓜霜霉病、褐斑病和细菌性角斑病？

黄瓜霜霉病、褐斑病和细菌性角斑病是黄瓜的三大主要病害，黄瓜霜霉病主要发生于黄瓜中部叶片上，嫩叶呈黄褐色水浸状，尤其在早晨空气湿度大时会更加明显，发病中后期叶背出现灰黑色霉层，受叶脉限制，呈多角形，霜霉病的斑较细菌性角斑大，扩散蔓延快，后期病斑会连成一片。低温高湿有利于霜霉病菌繁殖侵染。在叶片表面上有露水时易发病。进入深冬封棚之后，发病尤其严重。

黄瓜细菌性角斑病多在黄瓜下部叶片发生，病斑颜色较霜霉病的浅，呈灰白色，叶片背面出现水浸状、多角形斑，但无霉层，病斑较薄，后期易开裂形成穿孔，叶背常有白色菌脓，区别于霜霉病。与霜霉病的另一区别是在叶片和果实上均可发病，霜霉病主要侵害叶片。黄瓜褐斑病发生于中下部叶片，病斑近圆形或者椭圆形，叶背面病斑凹陷，正面突出起泡。病叶易老化变脆，无黑色霉毛。

34. 黄瓜受寒害及凋萎死棵主要症状有哪些？如何防治？

(1)发病症状

①**寒害主要症状**　在温室黄瓜(越冬茬和冬春茬)栽培中，遇到连续阴雪寒冷天气，光照弱，光照时间少，每天光照时数不足6个小时；温室内连续数日白天温度保持在14℃～20℃，夜间温度8℃～10℃，甚至凌晨气温短时间低于6℃～7℃，尤其是棚室10厘米地温低至10℃～12℃；因不通风或通风时间短，棚内空气相对湿度达85%～90%。若遇到以上的保护地环境条件，黄瓜叶片会呈水浸状，叶色淡，新叶黄白色；植株生长缓慢，甚至停止生长，雌花和雄花均不发育，幼瓜膨大速度慢；茎蔓细弱，尤其新蔓更细而脆弱。

②**凋萎死棵主要症状**　当天气由连阴雨雪骤晴后，白天按常

规揭开草苫(帘),棚内气温迅速回升,当中午前后温度升至25℃～30℃时,全棚内所有植株出现叶片严重萎蔫,茎蔓顶部及新叶也严重萎蔫,萎蔫程度迅速加重,仅2～3个小时,植株枯萎后即不能恢复,植株死亡,造成绝产。

(2)防治方法

①做好防寒工作 若提前知道有阴雨雪天气,在阴雨雪天气来临之前2天,要严查大棚墙体、门、薄膜缝隙,对大棚做全方位检查,以确保大棚蔬菜能安全过冬,并要停止浇水,还要注意收看天气预报。在遇连续阴雪天气时,要用旧棚膜覆盖墙体和后坡面,并在后墙外面覆盖玉米秸秆等保温物,双层覆盖薄膜。在阴雨雪天气来临前1天晚上放完草苫后,要及时覆盖薄膜,防止雨雪打湿和草苫刮翻。为了保证棚内温度不降低,放下的草苫要拖地上0.5米左右,以免造成棚内前脸处的蔬菜发生冻害。为避免淋湿草苫,可利用旧塑料薄膜盖在草苫上。对已淋湿的草苫(草帘)天气转晴时抓紧晾晒。

对于保温性不好(墙体薄)的大棚,在冬季顺着大棚后墙排玉米秸秆,可起到保温的作用,要注意大棚门口要关闭严实。也可以用塑料薄膜挂在立柱上或棉帘挂在门口,防止冷风吹入棚室。

②雨雪过后,要立即清扫棚室上的积雪 揭开覆膜,阴天要适当早揭晚盖草苫,给蔬菜增加散光照,进行光合作用。沿后墙内面上,东西向增设镀铝反光幕,将照到后墙的光反射到栽培床面的蔬菜植株上。增设100瓦以上的钠灯或电灯泡。遇到棚内出现低温(7℃～8℃)时,可于凌晨6时左右在棚内用玉米芯、木炭、焦炭等生火盆加温,但要注意不可产生烟尘。如果全天阴天,可在上午10～11时揭开草苫,下午14时左右放草苫。另外,阴天中午也需放风半小时,排除棚内的湿气。根据棚内温度情况,可于中午适当放风排湿。在阴雪天气期间尽量不浇水,必要时宜采用地膜下轻浇,浇15℃～20℃的温水。阴雪天气棚室内空气相对湿度大,易

发生蔓延霜霉病和灰霉病。防治病害时,尽可能采用粉尘和烟雾剂。

③当连阴天气骤然转晴后,要切记掌握"揭花苫" 所谓"揭花苫"是在连阴天气骤然转晴后,进行间隔棚面和间隔时间揭盖草苫。具体做法是:晴天后上午 8 时开始揭开草苫时,每隔 3 床拉开 1 床,其余的 3/4 草苫不揭开;当棚内受到直射光照的植株因叶片蒸腾水分而出现萎蔫现象时,立即对其喷洒 15℃～25℃ 的温水,喷水量以喷湿叶面为准。并将揭开的草苫放回,使萎蔫的植株停止接受直射光照。而换揭开相邻覆盖着的 1 床或 2 床草苫,使棚内另一部分植株受到直射光照。如果这部分植株出现萎蔫时,也应采取喷洒温水后放盖草苫,使其停止接受直射光照。直至揭开草苫后,棚内受到直射光照的植株长时间也不出现萎蔫现象时,揭开的草苫才不覆盖。如此,使揭开草苫数达到 1/2,至下午14～15 时可将未揭开的草苫揭开 1/2,即隔 1 床揭开 1 床,到 14 时再将盖着的 1/2 草苫揭开。这样,使棚内逐渐增加光照,棚温缓慢上升,而不会升得过高,减轻叶片蒸腾,避免叶片失水,造成植株萎蔫,也就不会发生闪秧枯萎。

35. 黄瓜味苦、涩麻发病特点有哪些? 如何防治?

(1)发病特点 此种商品嫩瓜与正常的商品黄瓜无异,但生食时有苦味且味涩麻,花头和蒂头的苦味较重,中间微苦;切成片加调料调拌后,有涩麻味;熟食与正常的黄瓜无异。

(2)防治方法

①采用测土配方技术,进行合理施肥 在施肥上要按氮、磷、钾施用,以保持植株的健壮,增强抵御不良环境的能力。

②加强栽培管理,调节好棚温和湿度 要调节好棚温,避免棚内长期高于 30℃ 或低于 13℃;避免棚内湿度过大或过低,调节至最适宜黄瓜生长发育的范围。并在适温范围内适当加大昼夜温

差。在黄瓜生长期间，要确保适当的水分，保持土壤的湿润状态。

③选用抗逆性强、高产、商品性优的品种　一般商品嫩瓜色泽嫩绿、瓜条较细长的品种和结瓜期耐弱光，耐低温性强的品种，其商品瓜无苦味，生食亦无涩麻感。如津优 2 号、津优 3 号等。

36. 黄瓜畸形瓜发病特点及原因有哪些？如何防治？

黄瓜在花芽分化发育当中，由于营养不良、温度等原因，不能形成正常雌花，在开花时子房已经变弯、畸形。或开花后，没有受精和营养不良，果实的发育受到障碍，在伸长膨大的过程中，各部位的平衡受到破坏，而成为畸形瓜。

(1)发病特点

①弯曲瓜　在果实膨大过程中不顺直，有的尖端弯曲，有的中间弯曲，有的顶弯曲，有些是由于卷须缠绕或蔓、架等的机械阻挡原因而造成的。但多数是由于生理原因造成的。有些瓜条由于花芽分化后条件差。在蕾期就已经弯曲。观察子房弯曲，是从子房长度不过 1.5～2.5 厘米开始的。此后，随子房的发育，弯曲度也有随之增大趋势。开花时已经弯曲的子房，采收时也必然是条弯瓜，它们之间有较高的相关性。观察开花时子房粗度、长度和采收瓜条弯曲角度之间的关系，可以看到，开花时子房小的、弯曲大，随着子房变长、变粗，采收果弯曲减少。

②大肚瓜　黄瓜雌花受精不完全，只在瓜的先端产生种子，使得营养物质积累到先端，导致先端果肉组织特别肥大，呈大肚瓜头。

③蜂腰瓜　同弯曲瓜的形成相似，黄瓜雌花授粉不完全，也易发育成蜂腰瓜。黄瓜授粉后，植株中营养物质供应不足，干物质积累少，养分分配不足，也易引起黄瓜发育障碍形成蜂腰瓜。

④其他畸形　双身瓜是两性瓜及瓜上生叶片或卷须，主要是高温所致；溜肩瓜的特征是瓜柄极短，瓜肩瘦削，形成原因可能与

夜间低温营养过剩有关,也有人认为是缺钙造成的。黄瓜裂瓜是从尾部开始开裂,沿纵向方向开裂,主要是棚室长期干燥或黄瓜低温干燥所致。

(2)防治方法

①搞好保护地棚室环境调控　要依据黄瓜各个生育阶段对环境条件的要求,搞好棚室保护地的光照、温度、空气湿度、空气中二氧化碳浓度、土壤水分和养分等环境因素的调节和供应,以达到黄瓜生长发育的要求。

②采用配方施肥技术　从施基肥起就要做到以有机肥为主,按氮、磷、钾、钙、镁比例施用速效化肥。还应注意施硼、锌等微肥。

③去畸形瓜,保留正常瓜　对畸形瓜要从雌花谢花前后及早检查,发现畸形的及时摘除。选留发育正常的幼瓜,保护其发育膨大。

37. 黄瓜低温障害发病特点有哪些? 如何防治?

(1)发病特点　在冬春茬黄瓜播种后如遇几天寒流阴雪天气,棚内地温降至 6℃～13℃,出苗缓慢,造成出苗后苗黄苗弱;刚出土幼苗的子叶叶缘变白,叶片变黄,根系生长受阻。如果地温长时间低于 12℃,就会出现沤根、烂根现象,秧苗严重变黄。当出苗后遇到阴雪寒流的天气,棚内白天气温 12℃～23℃ 的时间超过 6 小时,夜间地温在 11℃ 左右时,幼苗生长缓慢、叶色浅、叶缘枯黄;当棚内夜间气温低于 5℃,地温低于 8℃,植株停止生长,继而出现幼苗萎蔫,甚至黄萎。当夜间气温低于 5℃ 和地温低于 8℃ 的时间较长时,就会发展到低温障害。不发新根,花芽分化甚至停止,叶片呈黄白色,植株抵抗力减弱,造成病原物侵染发病。有的植株叶片呈水浸状,致叶片枯死。有的因幼苗生长很弱,易发生菌核病、灰霉病等病害。棚室保护地秋冬茬黄瓜结瓜后期和越冬茬黄瓜结瓜前期,常遇到深冬严寒天气影响,使棚内夜间温度降至 5.5℃～

8℃；受低温不良影响，正处在结瓜期的植株生长缓慢，甚至停止生长；叶小，叶色浅绿顶部嫩叶变黄褐；化瓜率高，上部坐住的瓜几乎不见膨大；正发育的嫩瓜出现畸形，以尖头弯曲瓜为多，尤其靠近棚前的黄瓜植株，受低温致尖头弯曲瓜率更高，叶色变浅绿、褐黄、停止生长。严重时形成生理障碍，植株萎蔫枯死。在棚室保护地靠近后墙的黄瓜植株，受低温和日照时数过少的影响，往往发生黄瓜泡泡病，即起初在叶片正面上形成鼓泡，泡顶部位初呈褪绿色，后变为黄色至灰黄色。叶背面发生少数鼓泡，致叶片凸凹不平，凹陷处呈白毯状。

(2)防治方法

①选用耐低温性强的优良品种　这些品种在 10℃～12℃ 的变温条件下也能出苗，在苗期和结瓜盛期能耐短时的 3℃～5℃ 和弱光，且早熟性强。如津春 3 号、津优 2 号等。

②采用低温处理种子，增强黄瓜抗寒性　把快发芽的种子置于 0℃ 冷冻 24～36 小时后播种，不仅发芽快，还增强抗寒力。

③低温炼苗，增强耐寒性　黄瓜播种后棚内气温应保持在 25℃～30℃。出苗后，白天保持 25℃，夜间 15℃～20℃。嫁接苗成活后，要对嫁接幼苗进行低温炼苗，加大昼夜温差炼苗。上午早揭草苫，只要揭开草苫后棚内温度不降低时，就应在此时揭草苫；中午晚通风和缩短通风时间，使棚内中午前后的气温达 35℃ 左右；下午推迟覆盖草苫的时间，使盖草苫后棚内气温不高于 20℃，使子夜至凌晨的气温在 12℃～15℃。昼夜温差达 10℃～20℃。经过 7～10 天锻炼以后叶色变深，叶片变厚，植株含水量降低，束缚水含量提高，过氧化物酶活性提高，细胞内渗透调节物质的含量增加，可溶性糖含量提高，对抗寒性和低温忍耐性明显提高。

④采用低温炼苗与适度蹲苗相结合　采用低温炼苗与适度干燥蹲苗相结合，对提高黄瓜幼苗抗寒能力的作用更为明显。但蹲苗不宜过度，炼苗也不宜温度过低，否则会影响黄瓜苗的正常生长

发育。

⑤沿大棚前面设防寒沟 阻止棚外与棚内土壤的热交换而导致棚内地温降低,同时对棚内栽培作物全部实行薄膜覆盖。

⑥采取综合有效的保温防冻措施 如选用防雾滴防尘棚膜,覆盖保温性好的草苫,再加盖棉被和浮膜,实行多层覆盖保温。在大棚冬春茬黄瓜育苗时,可于苗床覆盖地膜再扣盖小拱棚。严堵大棚墙外等处的缝隙,适当减少通风时间和通风量,使土壤含水量保持70%左右。使冬暖大棚内气温白天控制在25℃～30℃,夜间15℃～20℃;地温,白天22℃～28℃,夜间16℃～20℃。如气温降至黄瓜临界温度时,为迅速使棚内温度回升,可于棚内均匀分置5～6个木渣火盆,点燃暗火加温,可使棚内气温回升2℃～3℃。

⑦建造保温性强的塑料大棚 冬暖塑料大棚的墙体是大棚的主要贮热保温结构。

⑧药剂防治 喷洒72%农用链霉素可溶性粉剂3 000～4 000倍液,有一定预防低温冷害作用。

38. 黄瓜锰、氨过剩和亚硝酸气害主要症状有哪些? 如何防治?

(1)发病症状

①黄瓜锰过剩主要症状 棚室黄瓜易发生,多发生在下部或中部叶片的叶脉上。发病初期,先是叶的基部几条主脉变褐色,后支脉也变褐色。主要症状是叶脉变褐和沿叶脉产生黄色或褐色小斑点。严重时叶脉、叶柄、茎茸毛基部变成黑褐色。黄瓜锰过剩在湿度大的条件下有时与霜霉病、细菌性角斑病混合发生,但主要是不长霉状物,也不分泌乳白色至琥珀色菌脓,以别于霜霉病和细菌性角斑病。

②黄瓜氨过剩主要症状 棚室氨过剩多在施氨态肥后3～4天,中部受害叶片正面出现大小不规则的失绿斑块或水浸状斑,叶

尖、叶缘干枯下垂,多为整个棚发病,且植株上部和下风口发病重;上风口和棚口及四周轻于中间。幼苗期造成叶片和植株心叶的叶脉间褪色,叶缘呈烧焦状,向内侧卷曲。

③亚硝酸气害主要症状症状　施肥后 10 天左右,黄瓜的中部叶片先在叶缘或叶脉间出现水浸状斑点,后向上、下叶片扩展,叶片受害后变为白色,病部与健部界限明显,叶片背面病斑凹陷。

(2)防治方法

①对黄瓜锰过剩的防治　选用耐低温、耐弱光、耐短日照的早熟优良品种,如:中农 3 号、津优 2 号等。土壤缺钙易引发锰过剩,可对易发生锰过剩的地块增施钙肥,施用石灰质肥料,以碳酸钙或氯化钙作追肥,使黄瓜生长过程中减少对锰的吸收;发现有此症状时,及时采取浇大水,使其溶解淋失,浇大水后结合施用石灰质肥效果更佳。把土壤 pH 值调节至中性,避免在偏碱或偏酸性土壤上种植黄瓜。采用测土配方施肥技术,合理施用锰肥和其他肥料。加强定植后栽培管理。适当控制浇水,防止土壤湿度过大,以免土壤溶液处于还原状态。注意提高地温,以利于肥料的吸收和利用。

②对黄瓜氨过剩和亚硝酸气害的防治　施用充分发酵腐熟饼肥、鸡粪、人粪等有机肥。采用配方施肥技术,减少氮肥用量,做到合理施肥。提倡施用高温杀菌沤制的堆肥和生物肥。追施氮肥时,要深施严埋,施肥后跟上浇水,并提高棚内地温,促进肥料快速分解,以免产生亚硝酸气害。当发现植株的新叶有缺绿症时,可用 pH 值试纸监测棚内空气中气体动态变化。当 pH 值偏碱性时,有可能发生氨害;当 pH 值偏酸性时,有可能发生亚硝酸气害,要加强病株的保护,改用硝态氮肥,使其恢复生长。因缺氮需追肥时,可采取根外追肥,叶面喷洒 0.5% 尿素和 0.2% 磷酸二氢钾溶液。对已发生氨气或亚硝酸气害的,要立即加大通风量,降低棚内有毒气体的含量,同时配合浇水以降低土壤中肥料的浓度,减少氨气、亚硝酸气体来源。采取覆盖地膜栽培,膜下暗灌冲施化肥,能减少

水分和肥料蒸发,可避免产生有毒气体危害。

39. 黄瓜黄边病主要症状有哪些？如何防治？

(1)主要症状　发病初期时,主要发生在中部叶片叶缘或整个叶缘干边,干边严重时引致叶缘干枯或卷曲。

(2)防治方法

①合理用药,避免产生药害　在防治病虫用药时要做到科学合理用药,要按照说明书要求,不要盲目加大用药浓度,喷雾要细要均匀,或用低容量喷雾减少喷药水量。

②避免发生盐害　棚室内的土壤易返盐,应在播种或定植黄瓜前,深翻地后浇水压盐;并增施有机肥,减少化肥使用,定植后,实行地膜覆盖。防止水分蒸发而产生盐害。

③棚室要合理掌握放风时间和放风量　在棚内外温差过大时,不要上下大通风,而要开天窗通上风,闭前窗不通下风。以防闪秧焦叶边。

④合理浇水　既防止过旱引致黄瓜焦边叶,又避免湿度过大造成沤根后引致枯边叶。

⑤施用充分发酵腐熟沤制的堆肥或有机肥料　采用配方施肥技术,合理施用肥料,尤其要做到追肥适时适量,降低用硫酸铵等残留土壤的化肥,以利于土壤溶液适宜黄瓜生长。

40. 黄瓜化瓜主要症状有哪些？如何防治？

(1)主要症状　此病为生理性病害。果实发育中途停止膨大,幼果因供给养分极少甚至得不到养分而黄化,叶片中干物质含量降低,植株软弱多病,叶色较淡,叶片变薄,形成枯萎、干瘪果实,有的病果在果实膨大的初期发生脱落。常表现为弯曲瓜、僵瓜、尖嘴瓜、大肚瓜和蜂腰瓜等几种类型。

(2)防治方法

①根据栽培季节和茬口,选择优良品种 对于单性结实差的品种,可通过人工辅助授粉,刺激子房膨大,降低化瓜率,也可选用适宜保护地专用品种,可大大增加坐果率。

②对连阴严寒季节,增加棚室温度 棚室白天温度应保持25℃～28℃,夜温 13℃～18℃,或连续阴天昼夜温差大,多增加光照,通过光合作用制造养分,有利于黄瓜植株的生长发育,或叶面喷 0.2%磷酸二氢钾加 1%白糖加 0.2%尿素溶液。

③加强温度管理,防止高温 白天最适宜温度应保持在28℃～30℃,不超过 32℃,夜间适温 13℃～16℃,不超过 18℃,光合作用受阻,呼吸作用突然增强,会因营养消耗过多而引起化瓜,同时高温会影响雌花的形成且易出现畸形瓜,因此应加强放风管理,控制温度在适于黄瓜正常生长发育的范围之内。

④适时适量补充二氧化碳气肥 棚室中栽培黄瓜二氧化碳浓度低于大气中的浓度(300 微升/升),植物的光合作用受到影响,植物体内积累的碳水化合物减少,黄瓜发育不良,就会引起化瓜,因此可通过放风,增加棚室内二氧化碳浓度或补充二氧化碳,或在棚内增加有机肥料施用量,均能增加二氧化碳含量,加强光合作用,增加产量,减少化瓜。

⑤根据天气、土壤等情况,进行合理施肥浇水 若肥水供应充足,植株生长健壮,光合作用正常进行,同化物质积累多,雌花营养供应足就不会出现化瓜;若水分过多,空气温度过高,氮素营养过剩,也会因植株徒长而引起化瓜。因此,生产上要合理施肥和浇水,保持各种营养成分平衡供应。另外,当使用增瓜灵或乙烯利增加了雌花量时如不能增施肥料,也会引起化瓜。所以,使用上述植物生长调节剂时要同时增加 30%～40%施肥量。

⑥合理密植,防止化瓜 栽培过密,根系间易竞争土壤中养分,地上部茎叶竞争空间,通风透光性降低,光合效率降低,光合产

物制造少,呼吸消耗增加,因此应根据品种、地力、栽培季节合理密植。

⑦及时采收根瓜,防止化瓜　根瓜不及时采收,会影响上部瓜和植株的生长发育,还会继续吸收大量的养分,使上部雌花因养分供应不足出现化瓜,因此必须适时早收下部瓜,尤其是根瓜,更应及时采收。

⑧及时防治病虫害,防止化瓜　霜霉病、白粉病、炭疽病等病害主要危害叶片,而影响光合作用的进行造成化瓜。蚜虫,白粉虱等虫害可通过吸取黄瓜汁液,造成黄瓜生长不良引起化瓜,所以在黄瓜生育期间内,应密切注意病虫害的发生动态,及时防治。

⑨加强栽培管理　改善光、温、气、水、肥条件,促进植株营养生长与生殖生长平衡协调发展,使雌花发育正常,瓜胎发育健壮,单性结实增强,化瓜率会大幅度降低。或进行人工授粉,刺激子房膨大,可使化瓜率降低70%以上。

41. 黄瓜瓜佬主要症状是什么? 如何防治?

(1)主要症状　黄瓜花开花受精后膨大不畅,结的瓜小,像小梨、小香瓜一样悬在植株上,无食用价值。

(2)防治方法

①选择品种　选择雌蕊结实性强的品种作主栽品种。

②保持合适的温度、湿度、光照、二氧化碳条件来促进雌蕊的发育　为促进雌蕊原基发育而抑制雄蕊发育,在花芽分化期尽可能在白天保持25℃～30℃,夜间10℃～15℃,8小时光照,保持空气相对湿度70%～80%,土壤湿润,保持二氧化碳浓度以1 000～1 500微升/升等条件。

③疏花　疏除结瓜佬的完全花。

42. 黄瓜花打顶主要症状有哪些？如何防治？

(1) 主要症状 生长点基本停滞，龙头紧聚，生长点附近的节间是短缩状，即靠近生长点的小叶片密集，各叶腋处出现了小瓜纽，大量雌花生长开放，造成封顶。或开花结瓜期，植株生长点急速形成雌花和雄花间杂的花簇，呈现花抱头现象。因开花后瓜条停止生长或延迟发育，造成减产和商品性降低。

(2) 防治方法

一是施足施好基肥。每 667 平方米应施腐熟好的优质有机肥 5 000～6 000 千克，配合使用三元复合肥 50～70 千克 ，微生物菌剂 10 千克。为黄瓜的生长发育创造良好的肥力基础。

二是在栽培方式上，最好采用大小行方式，以便于田间管理。在进行田间管理时，如前中期采取中耕除草，注意不要伤根，为防止伤根，按每 667 米^2 地面喷施免深耕 500 克以确保土地的通透性。另外，应保证黄瓜的正常生长温度，黄瓜根系生长最低温度 8℃，最适温度 25℃～30℃，最高温度 38℃，连阴和雨雪天气，不应浇水，以防水凉伤根，降低地温。

三是对已经发生花打顶的黄瓜，应关闭天窗适当提温，同时喷施叶面肥或磷酸二氢钾，以促其生长。在摘瓜后要及时追施肥料。按氮、磷、钾＝3∶1∶4 的追肥比例使用。并及时掐掉卷须，抹掉龙头附近的雄、雌花，疏去顶部瓜纽，摘除中下部大瓜。清除下部老叶，调节营养平衡，促进植株健壮生长。黄瓜蘸花时有选择性地蘸取 2～3 朵花，最后根据植株长势留取1～2 个瓜条，其余的尽早疏除，这样可减少植物生长调节剂的危害，又不致使生殖生长大于营养生长，引起生长失衡而造成花打顶。但在蘸花时要注意药液不要滴到植株蔓及叶片上，以免造成植株体内植物生长调节剂积累过多，造成中毒。

43. 地老虎怎样危害黄瓜？如何防治？

(1)危害特点 危害蔬菜的主要是小地老虎和黄地老虎，分布最广、危害严重的是小地老虎。主要以幼虫将幼苗近地面的茎部咬断，使整株死亡，造成缺苗断垄。

(2)防治方法

一是配制糖醋液诱杀成虫。糖醋液配制方法：糖 6 份、醋 3 份、白酒 1 份、水 10 份、90％灭多威可湿性粉剂 1 份调匀，在成虫发生期设置。某些发酵变酸的食物，如甘薯、胡萝卜、烂水果等加入适量药剂，可诱杀成虫。

二是利用黑光灯诱杀成虫。

三是在幼苗定植前，选择地老虎喜食的灰菜、刺儿菜、小旋花、艾蒿、青蒿、鹅儿草等杂草堆放诱集幼虫，然后人工捕捉，或拌入药剂毒杀。

四是早春及时清除菜田及周围杂草，防止地老虎成虫产卵。

五是清晨在受害苗株的周围，找到潜伏的幼虫，每天捉拿，坚持 10～15 天。

六是配制毒饵，播种后即在行间或株间进行撒施。毒饵配制方法：一是豆饼（麦麸）毒饵。豆饼（麦麸）20～25 千克，压碎、过筛成粉状，炒香后均匀拌入 40％辛硫磷乳油 0.5 千克药可用清水稀释后喷入搅拌，以豆饼（麦麸）粉湿润为好，然后按每 667 米² 4～5 千克用量撒入幼苗周围。二是青草毒饵。青草切碎，每 50 千克加入农药 0.3～0.5 千克，拌匀后成小堆状撒在幼苗周围，每 667 米² 用毒草 20 千克。

七是药剂防治。对 1～3 龄幼虫期，选用 48％毒死蜱乳油、2.5％高效氯氟氰菊酯乳油 2 000 倍液，或 20％氰戊菊酯乳油 1 500倍液，或 20％氰戊·马拉松乳油1 500倍液，或 10％溴氰·马拉松乳油 2 000 倍液等地表喷雾。

44. 瓜蚜怎样危害黄瓜？如何防治？

(1)危害特点　瓜蚜的危害主要以成蚜和若蚜群集于叶背、嫩茎、嫩尖吸食汁液，分泌蜜露，使叶片发生煤污，并向反面卷缩，瓜苗生长停止，甚至整株枯死。更为严重的是易传播病毒病。

(2)防治方法

①及时清除上茬作物的枯枝病叶，消灭虫源　越冬保护地内、菜田附近的枯草、蔬菜收获后的残株病叶、果树以及公共绿地等，都是蚜虫的主要越冬寄主。因此，在冬前、冬季及春季要彻底清洁田间，清除菜田附近杂草，及早喷药防治。

②避蚜　小拱棚育苗时在上面覆盖银灰色薄膜；棚室黄瓜定植后，采用银灰色地膜覆盖，避蚜。在开春之后至初冬期间，于棚室的通风口设置防虫网，阻挡蚜虫飞入棚室内。大棚内定植"无病、无虫、无弱苗"。还可用黄板诱蚜。即利用蚜虫的趋黄特性，在田间挂黄色木板等物，高度与株高相同，外部涂抹透明的机油引诱蚜虫扑向黄板，并被机油粘死。注意7～10天清理1次黄板和重新涂机油。

③生物防治　利用蚜虫的天敌，如七星瓢虫、异色瓢虫、草蛉、食蚜蝇等。当蚜虫发生量少时，可以利用这些天敌进行防治。

④药剂防治　能消灭蚜虫的药剂很多，以具有触杀、内吸（胃毒）、熏蒸3种作用的农药为好，并注意掌握喷药时要集中喷叶背面和嫩茎处，要喷洒均匀。要及早喷药，最好在点株发生时喷药，将其杀灭在点、株发生阶段。每隔5～7天喷药1次。选用1.8%阿维菌素乳油1500倍液，长期使用抗药性增加，需与其他药剂交替使用和提高浓度。可选用50%抗蚜威可湿性粉剂2000倍液，或20%氰戊菊酯乳油2000～3000倍液，或2.5%溴氰菊酯乳油3000倍液，或4%鱼藤酮粉剂1千克，混细土3千克喷粉，或鱼藤精600～800倍液喷洒，或用400～500倍液洗衣粉均匀喷洒，每

667 米² 用洗衣粉液 60～80 升,一定要喷到蚜虫的身上才会收到好的效果,连喷 2～3 次。

温室、大棚可用 5％灭蚜粉喷粉防治,或用 22％灭蚜灵烟雾剂、熏杀毙等烟熏剂熏蒸。杀蚜率可达 95％以上。

45. 朱砂叶螨(红蜘蛛)怎样危害黄瓜? 如何防治?

(1)危害特点 主要以若螨和成螨群聚叶背吸取汁液,使叶片呈灰色或枯黄色细斑,严重时叶片干枯脱落,连续结果期缩短造成黄瓜减产和商品性降低。

(2)防治方法

①清除上茬作物残枝病叶,消灭菌源 上茬作物收获后要及时清洁田园,把枯枝败叶深埋或沤制。棚室周围的杂草要除净,避免人为带菌入棚。

②调查虫情基数,及时防治 此虫繁殖力极强,尤其在高温高湿条件下,4～5 天就发生一代。因此,应特别注意调查虫情危害,发现有此螨发生,立即进行药剂防治。

③药剂防治 喷药的时期掌握在个别植株上发生时。喷第一次药后,每隔 7～10 天喷 1 次,连续喷治 3～4 次,而且喷药要均匀周密。做到不漏喷,有效控制危害。选用 73％炔螨特乳油 2 000 倍液,或 25％灭螨猛可湿性粉剂 1 000 倍液。也可选用 1.8％阿维菌素乳油 3 000 倍液。防治各种螨虫特效,且无残留,无公害。

46. 茶黄螨(侧多食跗线螨)怎样危害黄瓜? 如何防治?

(1)危害特点 主要以成螨和幼螨聚集于黄瓜的幼嫩部位周围,或多聚集于新叶背面,刺吸植株体内的汁液,致黄瓜受害。危害轻时,叶片变厚,皱缩而不能展平,叶色浓绿而无光泽;危害严重时,主蔓顶端叶片变小、变硬,叶片背面呈灰褐色,具油质状光泽,叶缘向下卷,致生长点干枯,不生长新叶,其余叶色浓绿,幼茎变为黄褐色,有时茎顶端向一边弯曲。植株秃尖,甚至枯死。瓜条受害时变为黄褐色至灰褐色。此虫危害的症状往往与生理病害、病毒病的症状相似,要注意认真鉴别,及时防治。

(2)防治方法 参见朱砂叶螨的防治方法。

47. 瓜类蓟马怎样危害黄瓜? 如何防治?

(1)危害特点 主要于黄瓜生长点及幼嫩部位刺吸汁液,危害后留下白色的点状食痕。受害严重时,造成幼嫩部位干缩,生长缓慢,幼瓜受害后出现畸形,严重时造成落瓜。此外,叶腋间受害后不发生腋芽,或发出的腋芽畸形,不能形成侧枝,造成侧枝不能结瓜。

(2)防治方法

①消灭棚室保护地寄主上的害虫 栽培过程中及时清除田间杂草、消灭棚室越冬寄主的害虫,避免蓟马向上转移为害。

②加强保护地田间栽培措施 黄瓜育苗时,采用营养土或营养钵育苗,全田覆盖地膜,防治瓜苗受越冬蓟马危害。使用遮阳网或防虫网可防止外界的蓟马迁入棚内。当外界气候干旱时,采用浇大水的方法防治。

③保护利用天敌 蓟马的天敌如中华胃刺盲蝽、小花蝽等,当蓟马发生数量不多时,在棚室保护地可释放天敌。

④药剂防治 在发病初期进行喷药防治,喷药时应注意对黄瓜植株各个生长部位全喷,同时喷洒地面和墙边。选用10%虫螨腈悬浮剂3 000倍液,或25%杀虫双水剂400倍液,或40%毒死蜱乳油1 000倍液。一般7~8天喷1次,连续喷2~3次可获良好防治效果。

48. 斑潜蝇怎样危害黄瓜？如何防治？

(1)危害特点 幼虫在叶片上表皮或下表皮上的叶肉组织取食,吸食汁液和产卵,幼虫潜入叶片和叶柄,产生带湿黑色和干褐色虫粪的白色或浅灰色蛇形潜道,破坏叶绿素。由于叶绿素被破坏,光合作用急剧下降,植株生长变缓。严重时整个叶片布满虫道,使叶片逐渐枯萎,植株死亡。

(2)防治方法 对斑潜蝇的防治,应坚持预防为主,综合防治的策略。化学药剂和生物药剂防治交替使用。因此虫繁殖力极强,喷药间隔时间要短,每5～7天1次。

①摘除为害叶片,消灭虫源 在保护地内或露地蔬菜田发生代数少、虫量少的情况下,定期摘除有虫叶片,集中烧毁,有较好的防治效果。

②熏棚灭蝇 在该虫盛发期,每667米^{2}用麦麸25千克与80%敌敌畏乳油100毫升拌匀,于棚内均匀分布4～5份,暗火点燃后,闭棚熏烟1夜。7～8天熏1次,连续防治2～3次。

③土壤消毒 黄瓜定植前,用50%辛硫磷乳油50毫升,或48%毒死蜱乳油50毫升,拌入细干土40～50千克,均匀撒入田间,进行划锄,可杀灭虫蛹。

④通风口设置防虫网 蔬菜定植后,在棚室通风口处设避虫网,防止外界的斑潜蝇成虫等害虫迁飞入棚内。

⑤注意保护利用天敌 可于棚内释放斑潜蝇天敌如潜蝇茧蜂、姬小蜂等,因对斑潜蝇寄生率较高,防效明显。

⑥药剂防治 由于此虫适应温度范围广,繁殖速度快,所以在高温季节,喷药的间隔时间短。夏季棚室和露地一样,4～5天喷1次。保护地冬春季节7～8天喷1次药,要连续喷药4～5次。要选用高效、低毒、低残留农药,交替轮换用药,以防止此虫产生抗药性。可选用下列药剂之一进行喷洒,选用48%毒死蜱乳油1 000

倍液,或 10%虫螨腈悬浮剂 3 000 倍液,或 5%氟啶脲乳油 2 000 倍液,或 1.8%阿维菌素乳油 2 000～3 000 倍液,或 2%阿维菌素乳油 3 000～4 000 倍液,或 1.2%阿维菌素微囊悬浮剂 2 000 倍液,掌握在成虫高峰期 8～12 时喷药,防效更明显。

49. 瓜绢螟怎样危害黄瓜? 如何防治?

(1)危害特点 瓜绢螟又叫瓜螟、瓜野螟。主要危害丝瓜、苦瓜、节瓜、黄瓜、甜瓜、冬瓜、哈密瓜、番茄、茄子等。幼龄幼虫在叶背啃食叶肉,呈灰白斑。3 龄后吐丝将叶或嫩梢缀合,居其中取食,使叶片穿孔或缺刻,严重的仅留叶脉。幼虫常蛀入瓜内,影响产量和质量。

(2)防治方法

①提倡采用防虫网 防治瓜绢螟兼治黄守瓜。

②及时清理瓜地 消灭藏匿于枯藤落叶中的虫蛹。

③提倡用螟黄赤眼蜂防治瓜绢螟 在幼虫发生初期,及时摘除卷叶,置于天敌保护器中,使寄生蜂等天敌飞回大自然或瓜田中,但害虫留在保护器中,以集中消灭部分幼虫。

④药剂防治 掌握在幼虫 1～3 龄时,喷洒 2.5%敌杀死乳油 1 500 倍液,或 20%氰戊菊酯乳油 2 000 倍液,或 48%毒死蜱乳油 1 000 倍液,或 5%高效氯氰菊酯乳油 1 000 倍液。

50. 白粉虱怎样危害黄瓜? 如何防治?

(1)危害特点 主要以成虫和若虫吸食植物汁液,危害叶片变黄,甚至最后全株萎蔫枯死。此外,由于其繁殖力强,繁殖速度快,群聚为害,个别受害严重地块绝收。所以,此虫往往会引起两大严重绝产性病害:一是会分泌大量汁液,严重污染叶片和果实,使黄瓜失去商品性;二是会携带病毒,致病毒病大发生。

(2)防治方法 对白粉虱的防治,应以综合防治为主,加强棚室蔬菜作物的栽培管理,培育"无病虫壮苗",辅以科学使用化学农药,积极开展保护利用天敌和物理防治。

①农业防治　棚室前茬宜种植白粉虱不喜食的蔬菜如芹菜、蒜黄等较耐低温的蔬菜,以减少虫源。并培育"无病虫苗",把育苗温室和种植温室分开,播种前彻底熏杀虫源,清除残株病叶和杂草,在通风口设置避虫网,防止外界虫源侵入。

②保护利用天敌　白粉虱天敌是丽蚜小蜂,可在温室内人工繁殖释放丽蚜小蜂种群,能有效地控制白粉虱为害。

③物理防治　白粉虱对黄色敏感,有强烈趋性,可在温室内设置黄板诱杀成虫。用 100 厘米×20 厘米的纸板,涂上黄漆,上涂一层机油,每 667 米² 设置 30～40 块。一般 7～10 天重涂 1 次。

④药剂防治　可选用下列药剂:10％噻嗪酮乳油 1 000 倍液对粉虱有特效,25％灭螨猛乳油 1 000 倍液对成虫、卵和若虫皆有效,2.5％联苯菊酯乳油 3000 倍液可杀成虫、若虫、假蛹,20％甲氰菊酯乳油 2 000 倍液,连续施用,均有较好效果。

七、采收和采后处理与黄瓜商品性

1. 采收期对黄瓜商品性有什么样的影响？确定黄瓜采收期的标准有哪些？

黄瓜采收期因气温、品种、用途和当地习惯等不同，使得黄瓜鲜瓜的采收期有较大的差异，大果型黄瓜品种开花至采收的时间稍长，而小果型品种则时间稍短。黄瓜的采收时间主要取决于栽培品种的遗传性，与植株开花后的天数、果实的发育程度以及用途等方面。黄瓜是从根瓜开始由下往上一次发育成熟的，食用黄瓜在果实达到商品成熟时就要采收，一般在开花后 8～12 天采收。适时采收不仅果实商品性好，而且有利于植株生长和上部果实的发育。采收时最好在清晨或下午 15 时以后进行，清晨采收果实不仅含水量大、光泽度好，而且温度低、水分蒸发量小，有利于减少上市或长途运输中的消耗；中午采收时果实含水量低，品质差；下午15 时采收后果实品质好，枝叶韧性强，采收时不易受到伤害。冬季室内光温条件较差时，开花至采收时间长，而春、秋季节，室内光温条件较好时，则时间相应缩短。采收过早产量低，还能引起瓜秧的徒长；采收过晚，消耗养分多，瓜条老，影响产量和品质。同一品种，幼嫩瓜采收效果最佳，成熟度高容易衰老变黄，失去商品性。但过嫩时含水量高，可溶性固形物少，也不耐贮藏，容易腐烂。尽管黄瓜果实发育速度较快，但商品果实采收期并无严格要求，当瓜条长度和横径达到一定大小，果面逐渐平滑，刺瘤逐渐稀疏，而种子和瓜皮尚未硬化前，均可采收。采摘时要求瓜条碧绿，顶花带刺，作为最佳采收期，要求瓜条果面已充分展开，花干而未枯、果面刺瘤略显稀疏、刺白而未干。

不同结瓜部位的果实采收标准不同:根瓜应适当早收,以防坠秧。瓜秧中部的瓜条则应在符合市场消费要求的前提下适当晚收,尽量结大瓜,通过提高单瓜重来提高总产量。不同生育时期果实采收标准不同:根瓜要早摘,在结瓜初期2～3天采收1次,结瓜盛期隔天采收,或每天采收。在盛瓜期,每天都要摘瓜,每次采收后,植株上保持1～2条幼瓜,用来协调营养生长和生殖生长的关系,使瓜秧壮而不旺,促进植株高产。上部所结的瓜条也应当早收,以便于保持后期植株长势,防止早衰。不同植株长相在掌握瓜条采收标准时也有所不同:瓜秧长势弱的要早摘瓜,以促进长秧。瓜秧长势旺,瓜要适当晚收,以促进结瓜。不同长相的瓜条采收标准也不同:对于外观顺直的瓜条应适当晚收,而畸形瓜则应适当早收,必要时甚至可以在瓜条膨大前就可摘除。另外,不同生长季节所掌握的采收标准也应有所不同。冬季瓜条应适当早收,避免因光照弱、温度低而影响其他果实发育或引起化瓜过多。而秋季和春季外界光温条件适宜时,瓜条可适当晚收、留大瓜,以利于产量提高。

2. 贮藏环境对黄瓜商品性有什么样的影响?

采收时气温较低,便于利用自己低温进行贮藏。但是采收也不能过晚,否则气温过低,会使黄瓜受冷害,采摘宜在清晨进行,最好用剪刀带柄剪下。黄瓜贮存最适温度为10℃～13℃,要求空气相对湿度保持在95%左右,黄瓜商品性佳,10℃以下会受冷害,若贮存温度15℃以上,因其后熟加速,绿色瓜变黄及腐烂明显加快,组织疏松,表面甚至长霉,商品性降低。因此,黄瓜采收后有必要尽快冷却,可采取水冷或强力通风预冷。加工用黄瓜在5℃左右可存放4～7天,保持良好的加工品质。作鲜食的黄瓜,则需存于10℃环境。黄瓜的贮存需高湿环境,用塑料薄膜包装,可减少水分散失和延迟黄化的作用。

3. 黄瓜的贮藏方法主要有哪些?

黄瓜的贮藏方法主要有:通风窖贮藏、水窖贮藏、缸藏、冷库冷藏、气调贮藏。

(1)通风窖贮藏　在秋、冬季节可以使用通风库贮藏黄瓜,贮前用硫磺等消毒库房,然后用塑料薄膜包装黄瓜,起保湿和气调作用。用 0.03 毫米厚的乙烯袋装 1～2 千克黄瓜,折口后放于架上。也可将黄瓜码在架上,上、下分别铺盖一层塑料膜保湿。此外,要经常抽样检查,以免腐烂损失。塑料袋内应加入乙烯吸收剂。

(2)水窖贮藏　在地下水位较高的地区,可挖水窖保鲜黄瓜。水窖为半地下式土窖,一般窖深 2 米,窖内水深 0.5 米,窖底宽2.5米,窖口宽 3 米,窖底稍有坡度,低的一端挖一个深井,以防止窖内积水过深,窖的地上部分用土筑成厚 0.6～1 米,高约 0.5 米的土墙,上面架设木檩。顶上开 2 个天窗通风。靠近窖的两侧壁用竹条、木板做成贮藏架,中间用木板搭成走道。

(3)缸藏　将缸洗干净,用 0.5%～1% 的漂白粉或 0.2% 的次氯酸钠消毒,缸底放入 10～20 厘米深的清水,保持和增加湿度,在离水面 7～10 厘米处,放木板钉成的十字架或井字架,上面放竹帘编成的圆箅子。在圆箅子上,将瓜把朝外沿着缸的周围码放,码到距缸口 10 厘米左右为止,缸中央留有空隙,以便散热和检查。然后用牛皮纸将缸口封严。缸置于室内,放地面或一部分埋入地下,前期注意防热,并常检查。

(4)冷库冷藏　黄瓜采后尽快放入 12℃～13℃ 的冷库内,其贮藏方法与通风库相同。

(5)气调贮藏　在冷库和通风库内都可以进行气调贮藏,温度稍高于 13℃,还可以用 0.03 毫米厚的乙烯袋装 1～2 千克黄瓜,折口后放于架上。也可将黄瓜码在架上,上、下分别铺盖一层塑料膜保湿。还可装箱码垛后,用 0.06～0.08 毫米厚的塑料做成帐子,套在垛上,将四周封严。当二氧化碳高于5%,氧气低于5%时,开帐通风换气。入贮时需要对黄瓜严格挑选,贮藏中尽量保持要求的温度及空气相对湿度。

4. 如何进行黄瓜的运输和包装?

黄瓜采后要进行严格挑选,去除有机械伤痕、有病斑等不合格的瓜,将合格的瓜整齐地放在消毒过的干燥筐(箱)中,装筐容量不要超过总容量的3/4,如果贮藏带刺多的瓜还要用软纸包好放在筐中,以免瓜刺相互扎伤,感病腐烂。黄瓜必须用抗挤压的容器,我国长期沿用的包装材料有木箱、铁丝筐、竹筐,近年来纸箱、塑料箱有较快的发展。利用纸箱包装,在一天内的湿度可保持95%～100%。但是纸箱吸潮后抗压强度下降,有可能使黄瓜受伤。可采用隔水纸箱或在纸箱中用聚乙烯薄膜铺垫,则可有效防止纸箱吸潮。如果用比较干燥的木箱包装,由于木材吸湿,会使运输环境的湿度下降。高湿运输注意发生霉烂。黄瓜包装的每件净重不得超过25千克。

八、安全生产与黄瓜商品性

1. 黄瓜安全生产包括哪几个方面？为什么说安全生产是保障黄瓜商品性的重要方面？

黄瓜安全生产包括生产基地的选择；优良品种选择；栽培季节、茬口与方式及培育壮苗（种子质量、浸种、催芽、播种、育苗）；不同设施条件田间肥水管理（春季露地栽培技术、夏季栽培技术、秋季露地栽培技术、日光温室黄瓜栽培、塑料大棚黄瓜栽培、黄瓜遮阳网覆盖栽培、黄瓜地膜覆盖栽培）；采用配方施肥，科学施肥，防止肥料中有害物质的污染；病虫害综合防治（合理科学使用农药、减少与控制化学农药的污染）；产品采收、分级、运输全过程，并按照标准生产出符合要求产品的全过程。在黄瓜安全生产的技术规程中，除严格基地的环境条件选择外，重点是减少农药和肥料的污染。黄瓜植株生长发育需要优质和高产，需要加强多次性肥水管理，但其结果期间，如果管理不当，就会加重肥料的污染，增加土壤湿度，尤其是大棚、日光温室等设施栽培，设施内的空气湿度大，导致病害发病严重；黄瓜生长期中易发生多种病虫害，为争取优质高产且商品性好，必须加强防治。若控制不当，特别是农药使用不当，即会造成严重的农药污染。因为黄瓜是无限生长的藤本植物，枝繁叶茂，边生长边结果，多次采收，在使用农药时很难做到安全间隔期，以减少农药对产品的污染。为确保黄瓜安全生产，必须严格按栽培技术规程执行。黄瓜产品以幼嫩瓜供食用，采收后直接上市供应。除在生产过程中易受污染外，在生产及运输过程中，还易受到病原微生物的侵染，产品受污染后对人类的健康危害更大。所以黄瓜安全生产是保障黄瓜商品性的重要方面。

2. 黄瓜安全生产目前可遵循的标准有哪些?

为提高黄瓜的食用安全性,保证产品的质量,保护人体健康,发展黄瓜安全生产,促进农业和农村经济可持续发展。黄瓜安全生产目前可遵循的标准:蔬菜种子质量标准(GB 8079—1987)、产地环境条件质量标准(GB/T 18407.1—2001)、生产过程标准(安全生产施肥原则、黄瓜安全生产中重金属含量允许标准和农药残留允许限量)、农药安全使用标准(GB 4285—1989)和肥料合理使用准则(GB/T 8321)、产品质量采收标准和产品分级标准、产品贮藏运输及销售的全过程标准。产地环境条件质量标准是黄瓜安全生产的基础,包括土壤环境质量标准、环境空气质量标准、农田灌溉水质量标准。

3. 黄瓜安全生产对栽培环境有什么要求?

黄瓜安全生产对栽培环境要求:应选择在生态条件良好,远离污染源并且具有可持续生产能力的农业生产区域和地势高燥,排灌方便,土层深厚、疏松、肥沃的地块。即大气、土壤和水质(包括灌溉用水、饮用水和地下水)无污染的地域。产地及周围大气无污染,亦不得有大气污染源。在产地的附近不得有化工厂、钢铁厂、水泥厂等污染源;不得排放有毒有害气体,亦不能排放烟尘与粉尘;生产生活用的燃煤锅炉应安装防尘除硫设备,以减少二氧化硫和飘尘排放;汽车尾气的排放污染亦应采取防范与控制方法。黄瓜安全生产基地的环境,包括大气、土壤、水质和气候条件,应适宜于黄瓜生长,而且生态环境有利于天敌的繁衍。地势要平坦,灌溉与排水方便,便于统一规划,规模生产。基地周围的交通方便,便于产品的运输和销售。

4. 黄瓜安全生产的施肥原则是什么？

掌握黄瓜安全生产的施肥原则，可以确保蔬菜中致癌性很强的硝酸盐及其他有害物质的含量不超标。

黄瓜安全生产的施肥原则是：以有机肥为主，重在基肥，合理追肥，控制氮肥施用，禁止施用硝态氮肥，测土配方施肥，保持土壤肥力平衡。看"植株长势"施肥。黄瓜的生育期应适时追施氮肥和钾肥，并有针对性地喷施微量元素。施足基肥：保证每 667 米² 施腐熟的有机肥 4 000～5 000 千克，磷酸二铵 30～50 千克、硫酸钾 40～60 千克，或三元复合肥 100 千克。合理追肥：每 667 米² 可追施腐熟人粪尿 1 000 千克或三元复合肥（或尿素）10 千克。同时可用 0.5％尿素加 0.3％～0.5％磷酸二氢钾溶液辅以叶面追肥 2～3 次。保护地内可增补二氧化碳气肥。禁止施用有害的城市垃圾和污泥，采收期不许用粪水肥追肥。

5. 黄瓜安全生产对病虫害防治的原则是什么？

按照"预防为主，综合防治"的植保方针，坚持以"农业防治、物理防治、生物防治为主，化学防治为辅"的无害化治理原则，做好病虫害的防治工作，并减少与防止农药的污染。

(1)农业防治

①抗病品种　针对当地主要病虫控制对象，选用高抗、多抗的品种。

②创造适宜的生育环境条件　温汤浸种，培育适龄壮苗，提高抗逆性；控制好温度和空气湿度，适宜的肥水，充足的光照和二氧化碳，通过放风和辅助加温，调节不同生育时期的适宜温度，避免低温和高温障害；深沟高畦，严防积水，清洁田园，做到有利于植株生长发育，避免侵染性病害发生。

③耕作改制　与非瓜类作物轮作 3 年以上。有条件的地区实

行水旱轮作。

④科学施肥　测土平衡施肥，增施充分腐熟的有机肥，少施化肥，防止土壤盐渍化。

(2)物理防治

①设施防护　在放风口用防虫网封闭，夏季覆盖塑料薄膜、防虫网和遮阳网，进行避雨、遮阳、防虫栽培，减轻病虫害的发生。

②黄板诱杀　设施内悬挂黄板诱杀蚜虫等害虫。黄板规格为25厘米×40厘米，每667米^{2}悬挂30～40块。

③银灰膜驱避蚜虫　铺银灰色地膜或张挂银灰色膜条避蚜。

④高温消毒　棚室在夏季宜利用太阳能进行土壤高温消毒处理。

⑤高温闷棚防治黄瓜霜霉病　选晴天上午，浇1次大水后封闭棚室，将棚温提高到46℃～48℃，持续2小时，然后从顶部慢慢加大放风口，使室温缓缓下降。以后如需要可每隔15天闷棚1次。闷棚后加强肥水管理。

⑥杀虫灯诱杀害虫　利用频振杀虫灯、黑光灯、高压汞灯、双波灯诱杀害虫。

(3)生物防治

①天敌　积极保护利用天敌，防治病虫害。

②生物药剂　采用浏阳霉素、嘧啶核苷类抗菌素、印楝素、农用链霉素、土霉素·链霉素等生物农药防治病虫害。

(4)主要病虫害的药剂防治　使用药剂防治应符合GB 4285、GB/T 8321(所有部分)的要求。保护地优先采用粉尘法、烟熏法。注意轮换用药，合理混用。严格控制农药安全间隔期。

6. 黄瓜安全生产禁用哪些剧毒、高残留农药?

黄瓜安全生产禁用的剧毒、高残留农药主要是氨基甲酸酯类杀虫剂、有机磷杀虫剂和有机氯杀螨剂。氨基甲酸酯类杀虫剂包括克百威、涕灭威、灭多威、杀虫威等；有机氯杀螨剂主要是三氯杀螨醇；有机磷杀虫剂包括甲胺磷、甲基对硫磷、对硫磷、水胺硫磷、久效磷、磷胺、甲拌磷、甲基异柳磷、特丁硫磷、氧化乐果、甲基硫环磷、治螟磷、内吸磷、灭线磷、硫环磷、蝇毒磷、地虫硫磷、氯唑磷、苯线磷等剧毒、高毒农药。

九、标准化生产与黄瓜商品性

1. 什么是农作物的标准化生产？黄瓜标准化生产的特点是什么？

农作物的标准化生产是指按照市场需求，采用各种标准监控和管理农作物生产全过程，向市场或消费者提供符合标准、高质量、安全的农作物产品。采用"统一、简化、协调、优化"的原则，采用各种标准对农作物产前、产中、产后进行控制，把先进的技术成果和经验，迅速推广到农民手中，取得最优的经济、生态和社会效益。黄瓜标准化生产的特点是各地在调整品种结构时，要坚持适地、适量的原则和充分发挥区域优势原则，积极兴建工厂化的育苗中心和采后处理与分级、包装中心，提高产品质量和商品率。通过农业产业化经营带动农户小规模生产，增强农民的质量意识，提高产品的档次和规模。牢固树立品牌意识，通过品牌效应占领市场，扩大市场份额。发展名特优稀有种类品种，积极开发无污染产品。在黄瓜标准化生产中按照标准对各个栽培管理环节进行全过程监控。

2. 黄瓜标准化生产基地应具备哪些条件？

黄瓜标准化生产基地应具备以下 10 个基本条件：①生产基地环境（土壤、水、大气）质量符合国家有关标准；②栽培区域相对集中，并具备一定规模；③所种植的黄瓜有现行标准可循，并结合实际制订相应的黄瓜技术操作规程；④基地管理体系、管理制度及服务体系比较健全；⑤产品出口率或商品率高，市场份额大；⑥生产放心黄瓜产品、无公害黄瓜产品、绿色黄瓜产品、有机黄瓜产品；⑦

实行黄瓜产业化经营,龙头企业连基地,基地带农户;⑧经营管理上有独立的法人;⑨基地产品有注册商标;⑩当地政府重视黄瓜标准化工作,有相应的标准化基地建设发展规划及有关配套的政策措施。

3. 为什么标准化生产可以有效地提高黄瓜的商品性?

标准化生产是提高黄瓜商品性,增强黄瓜产品市场竞争力,进入国际市场的必然选择。要提高商品性和扩大出口,必须推行黄瓜标准化生产,使产品质量与结构同国际生产标准和市场接轨,生产出优质、商品性好的产品,具有国际市场竞争力的产品,从而提高黄瓜经济效益。产品的质量是黄瓜生产的核心,其产品的优劣直接关系到消费者喜爱程度。而黄瓜生产具有很强的区域性和季节性,不同的生产环境、不同的栽培管理措施都将会对黄瓜蔬菜产品质量产生很大的影响。若没有相应的技术标准来规范生产过程,或者生产者完全凭借自己的陈旧观念来进行生产,产品质量难以满足市场的需要。通过实施标准化生产,结合当地气候、土壤等生产环境,制定出科学合理的标准体系,从种子肥料购进、育苗、肥水管理、病虫害防治、采收到采后处理执行严格标准,使蔬菜产品具有"绿色和有机通行证",从而提高了黄瓜生产水平和产品质量。

黄瓜生产作为一项技术性要求很高的工作,科研单位起到的作用不容忽视。从优良品种选择、播种育苗、平衡施肥、病虫害综合防治、采后处理等每一项技术进步都带动黄瓜生产水平上一个新台阶。标准体系的制定遵循"简化、统一、协调、选优"原则,不但强调其科学性和合理性,也注重其可操作性,与生产紧密相连,而不只是停留在科研层面。先进科研成果、经验和技术通过标准的形式加以规定,从生产、管理到销售,使整个过程规范化、标准化、程序化。通过建立综合标准体系,实施全过程质量控制,将先进适用的农业科技成果转化为简单易学的技术标准,进行普及推广,提高农民整体技术水平,节约成本。推行黄瓜标准化生产,是实现现代农业的有效手段,用先进的技术、科学的管理和严格的标准来规范黄瓜的生产活动,使生产出的黄瓜产品质量能够广泛适应国内外市场的需求,从而实现黄瓜产品的优质化和获得更高的经济效益。

4. 在标准化生产中怎样选择环境才能提高黄瓜商品性?

良好的产地环境质量,是实现黄瓜优质、安全卫生标准化生产的前提,因为黄瓜的生长发育是在一定环境条件下进行的,如果环境条件受到污染,不但直接影响到黄瓜的生长发育,有害物质还可以通过大气、水体、土壤及农事管理而残留在黄瓜的果实中造成产品污染,危及人类健康。所以,黄瓜在标准化生产中,黄瓜产地环境必须选择生态条件良好远离污染源,并具有可持续生产能力的农业生产区域。还要具备良好的空气、灌溉水、土壤条件,清洁的空气,纯净的灌溉水和无污染的土壤是进行黄瓜标准化栽培的基础。黄瓜的生产基地应该选择地下水位低,排灌方便,土层深厚肥沃的壤土为宜;生态环境好,周边地区无污染,交通运输较为方便的离城市较远的农区或山区,实行粮菜轮作和轮作套种。黄瓜设施环境条件的合理调控,是实现设施黄瓜标准化生产的关键,栽培黄瓜的主要设施类型有地膜覆盖、塑料拱棚和日光温室。采用塑料薄膜覆盖形式可以进行黄瓜的露地栽培,或在栽培黄瓜的温室、塑料拱棚中,结合地膜覆盖,可以起到提高早春地温和降低设施内空气湿度的作用,为黄瓜生长发育创造良好的栽培环境。利用日光温室进行黄瓜的反季节生产,要根据市场要求选择当地耐低温、抗病、优质、高产、适应强的品种,因为黄瓜的生长发育时期较长,通常都要经过较长时间的低温、日照强度小、日照时间短的冬季,为了提高植株的适应性,实现优质高产的目的,在生产过程中需要经常保持覆盖薄膜有较高的透光性，每年秋季要更换棚膜，在温室后墙及两侧山墙张挂反光幕，在温度允许的条件下，对外保温覆盖材料尽量早揭晚盖；越冬茬对温室冬季温度和保温效果要求较高，严寒地区栽培越冬茬，需要设置有短期加温设备。同时为了提高地温，降低秋冬生产温室中湿度过大，使用滴灌或膜下暗灌的方式生产，创造良好的黄瓜生长发育的环境条件，特别要加强设施内温、湿度管理，减轻和防止病虫害发生，科学合理使用肥料和农药，减少农药和肥料的污染，从而提高黄瓜的商品性。

5. 在标准化生产中如何规范黄瓜采收、采后处理及包装？

黄瓜是以商品瓜成熟直接采收上市，采收时期是否合适直接影响到果实的商品性和价格。黄瓜一般在雌花开放后8～12天采收。果实适时采收不仅果实商品性好，而且有利于植株生长和上部果实的发育。采收时最好在清晨或下午15时以后进行，清晨采收果实不仅含水量大、光泽度好，而且温度低、水分蒸发量慢，有利于减少上市或长途运输的消耗；中午采收时温度高、果实含水量低，品质差；下午15时以后采收温度等条件适宜，果实品质好。采收时期要求在瓜身带碧绿、顶花带刺、种子尚未膨大时进行。一般采收选择植株中上部的瓜条，严禁采收接连地面的瓜来贮藏，因为连地瓜与泥土接触，容易腐烂。也不要采收植株顶部的瓜来运输贮藏，因为顶部的瓜内含物不足，形状不规则，运输贮藏寿命短。果实采收过程中，要轻拿轻放，装入箱中，不宜散堆，然后置于工作间或果实临时贮藏库等阴凉处，以降低果实温度，等待以后的分级和包装。黄瓜采收时除考虑以上因素外，还应符合农业部颁发的黄瓜生产标准中对黄瓜果实的感官要求和营养含量标准：维生素不小于6毫克/100克，干物质不小于4%，总糖不小于1.5%，同时还应控制农药残留量。黄瓜采收后要对果实严格挑选，去除有机械损伤、有病斑等不合格的瓜,将合格的瓜整齐放在消毒过的整洁、干燥、牢固、透气、无污染、无虫蛀等干燥筐、纸箱中,且无受潮、离层现象,装筐(箱)容量不要超过总容量 3/4。为了防止黄瓜脱水,贮藏运输应采用聚乙烯薄膜袋折口作为内包装,袋内放入占瓜重约 1/30 的乙烯吸收剂。可在贮藏运输前用杀菌剂加虫胶或可溶性蜡剂混合浸果处理,以延长保鲜期。

参考文献

[1] 朱振华,王成增. 黄瓜. 济南:黄河出版社,2000.

[2] 张绍文. 黄瓜四季栽培技术. 郑州:中原农民出版社,1996.

[3] 郭清秀,王二合,武占社. 温棚瓜菜生产技术问答. 郑州:中原农民出版社,1996.

[4] 高丽红. 黄瓜栽培技术问答. 北京:中国农业大学出版社,2007.

[5] 张复君. 黄瓜反季节栽培技术. 郑州:河南科学技术出版社,2002.

[6] 中国农业科学院蔬菜所. 中国蔬菜栽培学. 北京:中国农业出版社,1987.

[7] 陶正平. 黄瓜产业配套技术. 北京:中国农业出版社,2002.

[8] 李丁仁. 无公害蔬菜栽培与采后处理技术. 银川:宁夏人民出版社,2006.

[9] 李建伟. 安全优质蔬菜生产与采后处理技术. 北京:中国农业出版社,2005.

金盾版图书,科学实用,
通俗易懂,物美价廉,欢迎选购

怎样提高黄瓜栽培效益	7.00元	冬瓜佛手瓜无公害高效	
提高黄瓜商品性栽培技		栽培	9.50元
术问答	11.00元	南瓜栽培新技术	7.50元
黄瓜标准化生产技术	10.00元	南瓜贮藏与加工技术	6.50元
无刺黄瓜优质高产栽培		西葫芦与佛手瓜高效益	
技术	5.50元	栽培技术	3.50元
棚室黄瓜高效栽培教材	6.00元	西葫芦保护地栽培技术	7.00元
图说温室黄瓜高效栽培		图说棚室西葫芦和南瓜	
关键技术	9.50元	高效栽培关键技术	15.00元
保护地黄瓜种植难题		提高西葫商品性栽培技	
破解100法	8.00元	术问答	7.00元
大棚日光温室黄瓜栽培		保护地西葫芦南瓜种植	
(修订版)	13.00元	难题破解100法	8.00元
黄瓜病虫害防治新技术		冬瓜保护地栽培	6.00元
(修订版)	5.50元	苦瓜优质高产栽培	
黄瓜生理病害图文详解	18.00元	(第2版)	17.00元
冬瓜南瓜苦瓜高产栽培		提高豆类蔬菜商品性栽	
(修订版)	8.00元	培技术问答	10.00元
保护地冬瓜瓠瓜种植难		豆类蔬菜园艺工培训教	
题破解100法	8.00元	材(北方本)	10.00元
保护地苦瓜丝瓜种植难		豆类蔬菜园艺工培训教	
题破解100法	9.50元	材(南方本)	9.00元

以上图书由全国各地新华书店经销。凡向本社邮购图书或音像制品,可通过邮局汇款,在汇单"附言"栏填写所购书目,邮购图书均可享受9折优惠。购书30元(按打折后实款计算)以上的免收邮挂费,购书不足30元的按邮局资费标准收取3元挂号费,邮寄费由我社承担。邮购地址:北京市丰台区晓月中路29号,邮政编码:100072,联系人:金友,电话:(010)83210681、83210682、83219215、83219217(传真)。